W0253961

Ueber die Festigkeit elektrisch geschweißter Hohlkörper

Versuche veranstaltet vom
Schweizerischen Verein von Dampfkessel-Besitzern
1923

Berichterstatter:

E. Höhn, Oberingenieur

Springer-Verlag Berlin Heidelberg GmbH

ISBN 978-3-662-31818-8 ISBN 978-3-662-32644-2 (eBook)
DOI 10.1007/978-3-662-32644-2

Inhaltsverzeichnis.

I. Vorwort und Programm. Frühere Versuche.

1. Vorwort und Programm für die Versuche von 1923.

Die Technik des Dampfkessel- und Behälterbaues, die bis vor kurzem nur Nietung und Feuerschweißung kannte, ist in den letzten 20 Jahren um die autogene und sodann um die elektrische Schweißung bereichert worden.

Der Schweizerische Verein von Dampfkessel-Besitzern hat sich in den Jahren 1914 und 1921 durch Versuche an der Erforschung über die Anwendbarkeit der autogenen Schweißung im Kesselbau beteiligt (Jahresberichte 1914 und 1921). Im Jahr 1921 berücksichtigten wir auch die Erstlingserzeugnisse elektrischer (Lichtbogen-)Schweißung. Infolge leichter Anwendungsmöglichkeit dringt die letztere im Kessel- und Behälterbau unaufhaltsam vor, so daß es im Hinblick auf unsere Kontrolltätigkeit ratsam war, ihre Eignung zu prüfen. Es war nötig zu wissen, was elektrisch geschweißt werden dürfe ohne spätere Gefahr gewaltsamer Schäden. Zudem war es erwünscht, ein Bild zu erhalten über das, was schweizerische Werkstätten heute zu leisten imstande sind. In verdankenswerter Weise hat der Vorstand des Schweizerischen Vereins von Dampfkessel-Besitzern die Geldmittel für die Vornahme solcher Versuche zur Verfügung gestellt.

Die Fragen erstrecken sich auf:

- Festigkeit von Fugen.
- Zähigkeit.
- Härte.
- Struktur.
- Einfluß der Blechdicke.
- Einfluß der Fugenform.
- Festigkeit bei Anwendung von Laschen.
- Festigkeit bei Ueberlappung.
- Schweißfähigkeit von Stahlguß.
- Einfluß des Glühens.
- Verwendung verschiedener (d. h. zurzeit in der Schweiz am häufigsten angebotener) Elektroden.

Dagegen lagen metallurgische Untersuchungen außerhalb des Programms. Solche Untersuchungen bilden ein weites Gebiet für sich und sollten von Metallurgen gemacht werden. Ebensowenig konnte genauer untersucht werden, welchen Einfluß Stromart, Spannung usw. auf die Festigkeit des Schweißgutes nehmen.

Es war am bequemsten und billigsten, unsere Untersuchungen zunächst mit Probestäben, in bestimmten elektrisch geschweißten Serien durchzuführen. Dieser Weg wird allgemein beschritten, auch wenn die Ergebnisse eine Aufklärung über die Eignung von Schweißungen an Hohlkörpern selber nicht restlos zulassen.

Solche Stabserien wurden geschweißt von

A.-G. Brown, Boveri & Cie., Baden,
A.-G. der Eisen- & Stahlwerke vorm. Georg Fischer, Schaffhausen,
A.-G. der Maschinenfabriken Escher Wyß & Cie., Zürich,
A.-G. der Maschinenfabrik von Theodor Bell & Cie., Kriens,
Buß A.-G., Basel (Werk Pratteln),
Gebrüder Sulzer A.-G., Winterthur,
Gesellschaft der L. von Roll'schen Eisenwerke, Werk Clus,
Eduard King's Erben, Zürich-Wollishofen,
Maschinenfabrik Oerlikon, Oerlikon,
Schweizerische Bundesbahnen, Werkstätte Zürich,
Schweizerische Lokomotiv- und Maschinenfabrik, Winterthur,
Wartmann, Vallette & Cie., Brugg.

Einige dieser Firmen beteiligten sich mit mehreren Serien. Jede Lieferung wurde mit einer Ziffer bezeichnet (nicht in alphabetischer Reihenfolge der Firmen).

Das zu schweißende Material, Feuerblech F I, lieferte einheitlich und kostenlos für die Teilnehmer der Schweizerische Verein von Dampfkessel-Besitzern. Die Festigkeitsversuche, Aetzproben usw. sind an der Eidgenössischen Materialprüfungsanstalt in Zürich vorgenommen worden.

Außer diesen Versuchen mit Stäben war es von größter Wichtigkeit, die Festigkeit elektrischer Schweißungen an Hohlkörpern selber festzustellen. Es wurde die Frage aufgeworfen, ob es möglich sei, Nähte mittels Laschen zu verstärken. Auch die Festigkeit überlappt geschweißter Nähte sollte untersucht werden. Zur Erledigung dieses Programms haben mehrere Firmen unter bemerkenswerten eignen Opfern Versuchsbehälter nach unsern Angaben geschweißt. Wir verdanken solche Leistungen den Firmen

A.-G. der Maschinenfabriken Escher Wyß & Cie., Zürich,
Wartmann, Vallette & Cie., Brugg,
Buß A.-G., Basel,
Eduard King's Erben, Zürich-Wollishofen,
Schweizerische Lokomotiv- und Maschinenfabrik, Winterthur.

Wir wollten diese Gruppe von Versuchen nicht erledigen, ohne Dehnungsmessungen an gespannten Hohlkörpern vorzunehmen, um auf ihren Spannungszustand schließen zu können. Brücken-Bau und -Kontrolle in der Schweiz sind uns in dieser Richtung vorangegangen. Wir glauben, unser Vorgehen sei nicht ohne Erfolg geblieben und daß künftig die Dehnungsmessung im Kesselbau eine bemerkenswerte Rolle spielen werde.

Bei der Durchführung der Versuche ist der Verfasser unterstützt worden durch den Vereinsingenieur Herrn H. Vogel. Ganz besonders sei anerkannt, daß ohne die Mitwirkung des Vereinsingenieurs Herrn Dipl. Ing. A. Huggenberger der theoretische Teil des Berichtes weder diese Ausdehnung noch Vertiefung erfahren hätte.

2. Die Versuche von 1914 und 1921.

Der Schweizerische Verein von Dampfkesselbesitzern hat in den Jahren 1914 und 1921 Versuche mit autogen geschweißten Blechen und Kesselteilen veranstaltet. Die Versuche von 1914 bezweckten allgemeine Aufklärung über die damals noch ziemlich wenig bekannte Festigkeit der Nähte von autogen geschweißten Blechen. 13 geschweißte Probebleche A gemäß Abb. 1 wurden der Eidgenössischen Materialprüfungsanstalt in Zürich eingeliefert, dort in der in der Abbildung angegebenen Weise zerteilt und geprüft.

Sämtliche Probestäbe waren an der Schweißstelle verdickt bei ungleichem Maß der Verdickung.

Zerreißproben von 1914. Von den 52 Zugprobestäben brachen 25 oder 48 % an der Schweißstelle, 27 Stück oder 52 % außerhalb derselben. Eine Abnahme der Zähigkeit mußte in allen Fällen festgestellt werden.

Ueber die bei den Zerreißversuchen festgestellte Festigkeit gibt Zahlentafel I Auskunft.

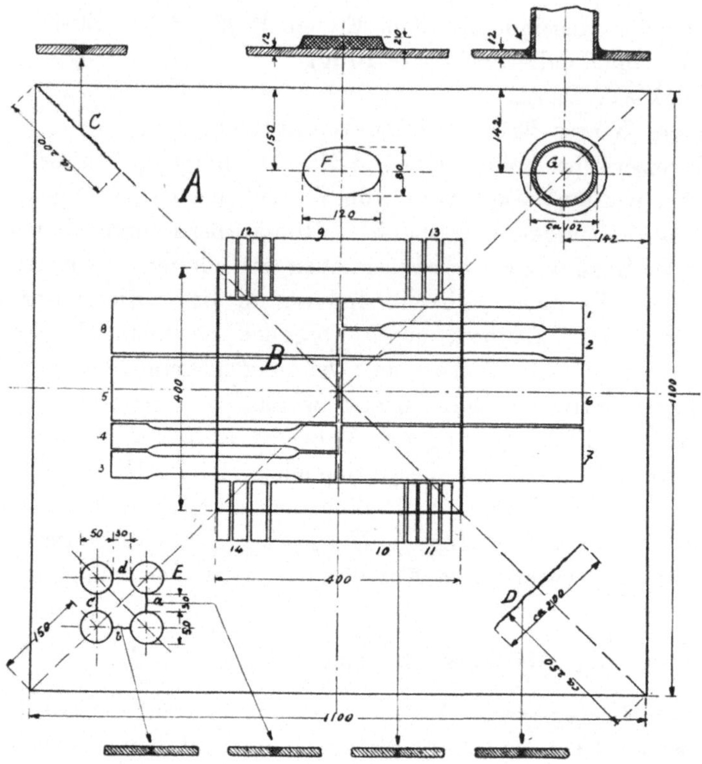

Abb. 1. Autogen geschweißtes 1,2 cm dickes Probeblech von der Veranstaltung von 1914.

Zahlentafel I. Autogen geschweißte Zugproben von 1914.[1]

Probestäbe 1,2 cm stark, Nähte verdickt.

		Muster U (ungeschweißt)		Stabmitte geschweißt		Stabmitte geschweißt	
Proben		4		27, Bruch außerhalb		25, Bruch in der Naht	
σ Streckgrenze . . .	t/cm²	2,66	100 %	2,35	88 %	2,25	84 %
β Zugfestigkeit . . .	t/cm²	3,87	100 %	3,36	87 %	2,96	76 %
φ Kontraktion	%	60,1	100 %	62,3	104 %	21,88	36 %
λ Dehnung auf 20 cm . .	%	27,6	100 %	22,1	80 %	9,42	34 %
c Qual.-Koeffizient $\frac{\beta\lambda}{100}$ . .		1,1	100 %	0,75	70 %	0,30	28 %

[1] Seite 9 im Anhang des Jahresberichtes 1914.

Die mittlere Festigkeit der außerhalb der Schweißstelle gebrochenen Stäbe beträgt 3,36 t/cm² oder 87 % derjenigen von U (ungeschweißt), d. h. nahezu der Einfluß des Ausglühens des Probebleches beim Schweißen. Man kennt die Festigkeit dieser Stäbe in der Schweißnaht natürlich nicht, sondern bloß ihre höchste Beanspruchung und auch diese nur ungefähr wegen unregelmäßiger Verdickung. Setzen wir die Verdickung = das 1,1 bis 1,2fache des Bleches, so war die Beanspruchung beim Bruch = 2,8 bis 3,05 t/cm². Also war die Festigkeit zwar höher als diese Ziffern besagen; doch blieb sie bei den damaligen Proben jedenfalls unter 3,6 t/cm². Es steht außer Zweifel, daß ohne die Verdickung an der Schweißstelle eine größere Anzahl von Stäben dort gebrochen wäre.

Die Kontraktion ist infolge des Ausglühens größer als bei U (ungeschweißt und ungeglüht).

Die Dehnung bezieht sich natürlich auf das Stabmaterial außerhalb der Schweißstelle; sie ist, trotz Glühens, geringer als bei U.

Die Festigkeit der an der Schweißstelle gebrochenen Stäbe, bezogen auf den ursprünglichen Querschnitt außerhalb der Schweißstelle, beträgt im Durchschnitt 2,96 t/cm² oder 76 % derjenigen des ungeschweißten Bleches (U). Es ist auch hier notwendig, nach der Festigkeit bezogen auf die Schweißstelle zu fragen. Dieselbe beträgt im Durchschnitt 2,56 t/cm² oder 66 % von U.[1]

Bei diesen Stäben fällt der Mangel an Dehnung auf. Die letztere fällt jedoch außer Betracht, weil die Schweißstelle brach, bevor die Streckgrenze bei den übrigen Stabteilen erreicht wurde.

Kalt-Biegeproben von 1914. Dicke der Stäbe einheitlich 1.2 cm, Breite ca 7,5 cm. Sie wurden um einen Dorn von 1,2 cm Stärke gebogen, Druckstelle des Dorns auf die verdickte Schweißstelle, jedoch, bei *V*-Fugen, ohne Rücksicht auf die Stellung des *V*. Die bestgeschweißten Stäbe ließen sich um 180° biegen mit sehr geringen Krümmungsradien (0,66 bis 0,73 cm). Mittlerer Biegungswinkel von 52 Stäben 162,5°, mittlerer Krümmungsradius 1,83 cm.

[1] Jahresbericht 1914, Versuche mit autogen geschweißten Kesselblechen, S. 51.

Kerbschlagproben von 1914. Der Schlag erfolgte stets auf die Schweißstelle, Kerbe von 0,4 cm Durchmesser, Höhe über der Kerbe 1,5 cm, Breite = Blechdicke (1,2 cm), bezw. der verdickten Schweißnaht entsprechend.

Zahlentafel II. Autogen geschweißte Kerbschlagproben von 1914.
Probestäbe 1,2 cm stark, Nähte verdickt.

	U ungeschweißt	autogen geschweißt	Beste Serie	Schlechteste Serie
Zahl der Proben . . .	6	78	6	6
Deformationsarbeit in mkg/cm²	18,7	5,98	13,6	0,8
Biegungswinkel . . φ^0	29,6	6,4	16,6	1,0

Die geschweißten Stäbe erreichten mit Bezug auf die ungeschweißten hinsichtlich

der Deformationsarbeit 32 %,
des Biegungswinkels . 22 %.

Merkwürdigerweise besaß die schlechtesten Kerbschlagproben ein Blech, das hinsichtlich Zugfestigkeit und Biegung voran stand.

Zahlentafel III. Autogen geschweißte Zugproben von 1921.[1]
Probestäbe 1,3 cm stark, Nähte verdickt.

	(M. 17) ungeschweißt		(M. 12) Bruch außerhalb der Naht		(M. 12) Bruch in der Naht	
	Mittel aus 2 Proben		Mittel aus 6 Proben		Mittel aus 9 Proben	
	Wert	%	Wert	%	Wert	%
σ Streckgrenze . t/cm²	2,31	100	2,35	102	2,42	105
β Zugfestigkeit . t/cm²	3,44	100	3,48	101	3,21	93
φ Kontration . . . %	59,5	100	56,7	95	—	—
λ Dehnung (20 cm) . %	30,2	100	26,7	88	9,6	31
c Qual. Koeffizient $\frac{\beta\lambda}{100}$	1,04	100	0,93	89	0,31	30

Die **Zerreißproben von 1921** erstreckten sich bloß über 15 geschweißte Stäbe, $s = 1,3$ cm, $b = 6,0$ cm, Schweißnähte *V*-förmig, verdickt. Jeder Stab ist für sich geschweißt worden.

[1] Zahlentafel VII, S. 35 des damaligen Berichts.

6 Stäbe brachen außerhalb, 9 Stäbe in der Naht.

Die Zugfestigkeit der Stäbe mit Bruch in der Naht war 3,21 t/cm², bezogen auf den Stabquerschnitt außerhalb der Schweißung; in Berücksichtigung der Verdickung jedoch bloß ca 3,21 : 1,1 = 2,9 t/cm².

Die Nahtbeanspruchung der außerhalb der Naht gebrochenen Stäbe war 3,48 t/cm²; unter Rüchsichtnahme auf die Verdickung mag die Bruchfestigkeit ebenso hoch geschätzt werden.

Die wenigen elektrisch (Quasi-Arc-Verfahren) geschweißten Stäbe verhielten sich ähnlich.[1]

Auf die Zugfestigkeit überlappt verschweißter Stäbe werden wir zurückkommen.

Biege- und Kerbschlagproben mit autogen geschweißten Stäben wurden 1921 nicht vorgenommen. Dagegen mögen noch die Kerbschlagproben der elektrisch geschweißten Probestäbe erwähnt werden.

Zahlentafel IV. Elektrisch geschweißte Kerbschlagproben von 1921.[2]

	ungeschweißt	elektrisch geschweißt	elektrisch geschweißt	elektrisch geschweißt
Zahl der Stäbe . . .	2	12	1 (bester)	1 (geringster)
		s = 1,2 cm, mit Walzhaut, verdickt		
Deformationsarbeit $\frac{\text{mkg}}{\text{cm}^2}$	Mittel 12,3	Mittel 3,87	8,8	0,7
Biegungswinkel . φ^0	» 23	» 11	11—22	1
		s = 1,2 mm, allseitig bearbeitet		
Zahl der Stäbe . . .	1	4	1 (bester)	1 (geringster)
Deformationsarbeit $\frac{\text{mkg}}{\text{cm}^2}$	69	Mittel 5,3	6,2	4,6
Biegungswinkel . φ^0	110	» 11,6	4—20	11

Der Vergleich mit Zahlentafel II besagt, daß die elektrisch geschweißten Kerbschlagproben nur um wenig spröder waren als die autogen geschweißten.

[1] Tafel XVII des Versuchsberichtes (Jahresbericht 1921).

[2] Tafel XVIII des Versuchsberichtes (Jahresbericht 1921).

Abb. 2. Aeußere Ansicht geschweißter Stäbe, oben autogene, unten Lichtbogenschweißung.

Es würde uns zu weit führen, auf Versuche mit autogen und elektrisch geschweißten Stäben, die außerhalb der Schweiz vorgenommen wurden, einzutreten.[1]

Die 1921 aufgenommenen äußern Ansichten (Abb. 2) sind charakteristisch für das Aussehen autogen oder elektrisch geschweißter Nähte.

---

[1] Zu unserer Kenntnis sind folgende erwähnenswerte Veröffentlichungen gelangt:

Bach und Baumann, Versuche mit autogen geschweißten Blechen und Kesselteilen, Forschungsarbeit des V. d. Ing. (Nr. 83 und 84), 1910.

Zwiauer, Versuche mit überlappt geschweißten Kesselblechen (Feuerschweißung), Z. V. d. Ing. 1912, S. 877.

Versuche über die Festigkeit von autogenen Schweißungen, angestellt von A. Baumann, Augsburg, „Schweiz. Bauzeitung" 1918, 15. Juni.

C. Diegel, Versuche über die Beanspruchung des Materials geschweißter zylindrischer Kessel. Forschungsarbeit V. d. Ing. (Sonderreihe M, Heft 2) 1920.

C. Diegel, Beschaffenheit des Flußeisens für gute Schmelzflammenschweißung. Forschungsarbeit des V. d. Ing. (Nr. 246), 1922.

Technique moderne, 1919, Nr. 3, La nomenclature des travaux de soudure.

Bulletin de l'Association des chemins de fer, 1919, Soudure électrique.

The Engineer, Bd. 127.

II. Versuche mit elektrisch geschweißten Stäben.

1923

3. Vorversuche mit ungeschweißten Stäben.

Zur Prüfung des Stabmaterials, das jeder Teilnehmer zum Zusammenschweißen zugestellt erhielt, wurden Vorversuche veranstaltet. Das Material wurde in geglühtem Zustand abgeliefert, geprüft wurde es vorher geglüht und ungeglüht.

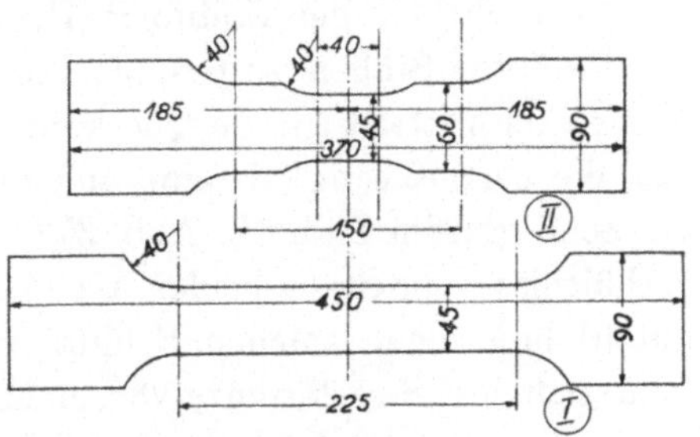

Abb. 3. Glatter Stab und Formstab für die Zerreißversuche.

Zahlentafel V. Zerreißversuche mit ungeschweißten Stäben.

Stabdicke	Streckgrenze	Zugfestigkeit	Kontraktion	Dehnung pro 20 cm	Qualitätskoeffizient
cm	t cm²	β t/cm²	φ %	λ %	c = β λ : 100
Geglühte Stäbe, Glatter Stab (I, Abb. 3)					
1,0	2,35	3,33	69	31,9	1,06
1,0	2,48	3,67	59	30,0	1,10
1,7	2,04	3,58	64	32,0	1,14
1,7	2,37	3,77	60	30,9	1,16
2,5	2,18	3,35	68	41,6	1,39
2,5	2,13	3,30	68	33,4	1,10
Ungeglühte Stäbe, Glatter Stab (I, Abb. 3)					
1,0	2,74	3,84	60	37,7*	
1,0	2,45	3,48	57	41,6	
1,7	2,58	3,41	60	40,8	
2,5	2,00	3,49	57	41,2	
Ungeglühte Stäbe, Formstab (II, Abb. 3)					
1,0	2,79	3,55	68	25,4*	
1,0	2,05	3,10	66	25,5*	
1,7	2,37	3,58	63	30,0*	
2,5	2,07	3,56	63	31,9*	

* λ % auf 10 cm.

Aus Zahlentafel V ist zu entnehmen, daß das Blechmaterial für die zu schweißenden Stäbe zwar zäh (in Auftrag gegeben war Qualität F I) aber ungleichmäßig war; es entstammte dem Vorrat einer schweizerischen Maschinenfabrik.

Hinsichtlich der Stabform II, derjenigen, welche sämtlichen geschweißten Stäben zu Grunde lag, frägt es sich, ob infolge der Kehlen im Mittelstück die Querkontraktion gehemmt worden sei, so daß die Zerreißfestigkeit eine andere und zwar eine höhere wurde, als beim glatten Stab (I, Abb. 3).[1] Der Vergleich der Festigkeitsverhältnisse der Stäbe beider Art in ungeglühtem Zustand (Tafel V unten) läßt einen solchen Schluß nicht zu. Im Arbeitsdiagramm fand sich die Streckgrenze vorgemerkt bei jedem Stab von 1,0 cm Dicke, sie war verschwunden bei jedem 2,5 cm dicken. Wir glauben nicht, daß die hiernach in Kap. 5 ermittelte Zerreißfestigkeit geschweißter Nähte unter Vorbehalt aufzunehmen sei wegen der Stabform II. Außerdem ist zu bedenken, daß beim geschweißten Stab die Kontraktionsverhältnisse andere sind, als beim ungeschweißten und zwar für jede Form; ein weiterer Grund, Befürchtungen wegen der Stabform II zu zerstreuen.

Zahlentafel VI. Kalt-Biegeproben, ungeschweißte Stäbe.

Stabform in Abb. 5 angegeben.

Stabdicke Stabbreite	Biegungswinkel	Mittlerer Krümmungsradius	Biegungskoeffizient
s, cm b, cm	α^0	r cm	$\varkappa = 50 \frac{s}{r}$
	Geglühte Stäbe		
1,00 × 8,0	180	0,50	100
0,98 × 8,0	180	0,49	100
1,70 × 8,0	180	0,85	100
1,74 × 8,0	180	0,82	100
2,52 × 8,0	180	1,26	100
2,52 × 8,0	180	1,26	100
	Ungeglühte Stäbe		
10,4 × 8,0	180	0,52	100
1,70 × 8,0	180	0,95	89,5
2,70 × 8,0	180	1,33	100

[1] Bach, Elastizität und Festigkeit : Einfluß der Form des Stabes.

Die Dehnungsziffer gezogener Stäbe verliert allerdings bei Stabform II ihren Vergleichswert, aber bei geschweißten Stäben ist die Dehnung ohnehin nicht einwandfrei feststellbar.

Zahlentafel VII. Kerbschlagproben, ungeschweißte Stäbe.
Form der Proben gemäß Abb. 6. Fallgewicht 75 m/kg.
Höhe über der Kerbe stets 1,5 cm.

	Kerbzähigkeit mkg/cm²	Biegungswinkel φ^0		Kerbzähigkeit mkg/cm²	Biegungswinkel φ^0		Kerbzähigkeit mkg/cm²	Biegungswinkel φ^0		Kerbzähigkeit mkg/cm²	Biegungswinkel φ^0
Geglühte Stäbe						Ungeglühte Stäbe					
b = 1 cm	21,3	20–58	b = 1,7 cm	24,1	32–60	b = 1 cm	19,1	24–54	b = 2,5 cm	18,0	31–46
	20,7	25–68		24,8	50–60		12,9	15–40		18,5	37–51
	17,1	20–50					9,5	23–36		14,9	28–37
	20,9	27–57									
b = 1,7 cm	32,3	30–74	b = 2,5 cm	12,2*	20–35	b = 1,7 cm	28,6	14–70			
	22,1	30–53		3,4**	4–18		31,4	46–73			
				3,3**	4–16		26,6	35–56			
				14,3*	28–44						

Bruchflächen von * zeigen Blasen.
Bruchflächen von ** glänzend körnig.

4. Strom und Elektroden.

Durch Fragebogen erfuhren wir:

Zum Schweißen der hiernach beschriebenen Stäbe und Hohlkörper wurde stets Gleichstrom verwendet; Klemmenspannung 40—70 V, in den meisten Fällen 60 V. Die Spannung an den Elektroden beim Schweißen beträgt kaum die Hälfte; der Spannungsausgleich wird durch Widerstände herbeigeführt. Trotz diesem Spannungsabfall zwischen Klemme und Schweißstelle muß an den erstern stets eine genügend hohe Spannung zur Verfügung stehen; die meisten Firmen wollen dort einen Abfall von höchstens 10 % zulassen. Die elektrischen Verhältnisse sind bei jedem System andere. Fast alle beteiligten Firmen betrachten Gleichstrom als die einzig brauchbare Stromart.

Der + Pol wird für Gleichstrom durch die Elektrode, der — Pol durch das Werkstück gebildet. Die höhere Temperatur des Lichtbogens liegt beim + Pol, d. h. bei den Elektroden.

Die Stromstärke ist naturgemäß von der Dicke der Elektroden abhängig; je dicker die Elektrode, desto größer ihr Strombedarf, und desto mehr Wärme wird örtlich entwickelt. Nun soll aber hohe Temperatur möglichst vermieden werden wegen der Gefahr der Wärme-Spannungen. Daher sind zur Herstellung von Schweißnähten dünne Elektroden vorzuziehen.

Zum Schweißen der Probestäbe verwendeten die Teilnehmer Elektroden von 2,5—4 mm Dicke, in der Profilwurzel (Abb. 4) solche von 2,5 mm, sodann dickere. Bei den Nähten mit V-Profil von 2,5 cm Höhe wurden in der Regel 10—15 Schichten aufgetragen, eine Firma ließ 34 Schichten auftragen unter ausschließlicher Verwendung von 2,5 mm Drähten. Es war diejenige, die für ihre Stäbe die höchste Zerreißfestigkeit erreicht hat. Das spricht deutlich.

Wie bekannt, gibt es bewickelte Elektroden. Beim Schweißen schmilzt die Hülle und verhindert den Zutritt von Sauerstoff und Stickstoff zum Schweißgut. Andere Elektroden sind außen nur mit leichten Pasten versehen; es kommt dann vor, daß diese abfallen und damit ihrem Zweck entzogen sind. Elektroden dritter Art sind nackt. Die Nähte sind von Schlacken, die von geschmolzenen Hüllen oder Pusten herrühren, vor dem Weiterschweißen gewissenhaft zu säubern.

Hinsichtlich der Oeffnung des Fugenwinkels haben die meisten Firmen 60° als genügend erachtet, eine einzige verlangt 70—90°.

Ueber den Stromverbrauch bei gleicher Leistung an Schweißgut gingen die Angaben sehr auseinander.

Folgerung. Zurzeit wird bei der schweizerischen Metall-Industrie für die elektrische Schweißung Gleichstrom bevorzugt.

An den Klemmen darf, wenn geschweißt wird, kein großer Spannungsabfall entstehen.

Beim Schweißen mit dünnen Elektroden wird die örtliche Erwärmung geringer als bei dicken, was wichtig ist zur Vermeidung von Wärmespannungen.

Es ist wahrscheinlich, daß Nähte, geschweißt unter Verwendung dünner Elektroden, höhere Festigkeitseigenschaften erhalten als bei dicken.

5. Zerreißversuche. Fugenschweißung.

Wir nennen Fugenschweißung zum Unterschied von Stirnschweißung, was Abb. 4 zusammenfaßt. Die Fugenprofile sind dort angegeben:

Muster 1, 4, 8 V-Fugen nicht nachgeschweißt von der Wurzel her.

M. 2, 5, 9 V-Fugen, wurzelseitig nachgeschweißt.

M. 6, 10 X-Fugen.

Arbeitsvorgang: Zusammenschweißen der Stabhälften in ganzer Breite (9 cm) unter Verdickung der Nähte. Nach dem Schweißen: Abhobeln der Verdickungen, stufenförmiges Aussparen der Stäbe gegen die Mitte zu. Dabei werden die Anfangs- und der Endstellen der Nähte, die immer geringwertig sind, ausgemerzt. Stabbreite in der Mitte stets 4,5 cm. Am fertigen Stabe ist Nahtquerschnitt = Stabquerschnitt; infolge der ausgesparten Form soll der Bruch möglichst in der Naht erfolgen. Die Zerreißfestigkeit des Schweißgutes ist dann direkt feststellbar. Ueber die Einwände, die gegen diesen Formstab erhoben werden könnten, siehe Kap. 3.

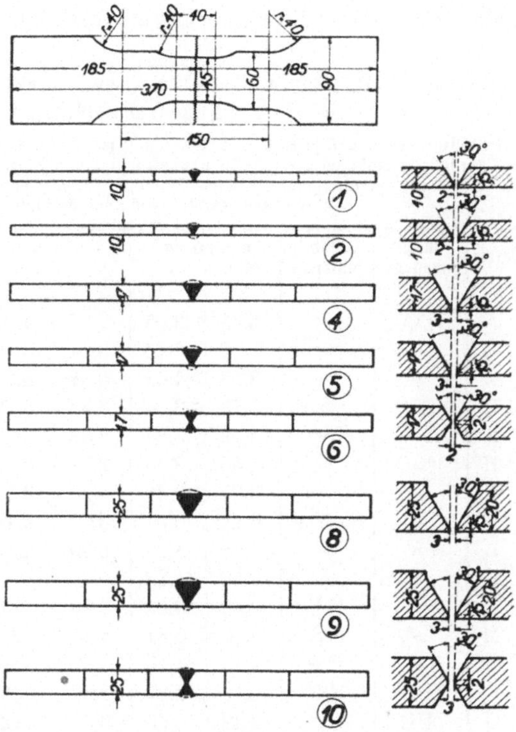

Abb. 4. Beschaffenheit der Probestäbe.

Auf die Ermittlung der Dehnungsziffer wurde verzichtet und für die Kenntnis der Zähigkeit die Kaltbiegungs- und Kerbschlagprobe herangezogen.

Auf jedes Muster jeder Firma entfallen 2 Stäbe; in Zahlentafel VIII sind die Mittelwerte angegeben. Zerreißstäbe insgesamt 264. Das den Teilnehmern gelieferte Stabmaterial war geglüht..

Zahlentafel VIII. Zerreißfestigkeit (t/cm²) elektrisch geschweißter Stäbe. Fugenschweißung.

> bedeutet Bruch außerhalb der Naht; QA Quasi-Arc; K Kjellberg: ET Elektro-Thermit; UE Umwickelte Elektroden nicht näher bezeichneter Art; SSch Siemens-Schuckert; Sta Stawert; AW Alloy Welding; F/F Flußeisen/Flußeisen; F/Fg nach dem Schweißen geglüht; F/S Flußeisen/Stahlguß; S/S Stahlguß/Stahlguß.

Zeichen	Elektroden	Stab-Material	s = 1,0 cm		s = 1,7 cm			s = 2,5 cm		
			M. 1	M. 2	M. 4	M. 5	M. 6	M. 8	M. 9	M. 10
A	QA	F/F	3,35	>3,65	3,47	4,02	3,95	3,43	3,98	3,92
B	»	»	3,32	>3,73	3,74	3,76	>3,92	3,40	3,45	3,66
C	»	»	3,78	>4,02	3,98	4,07	3,97	3,97	3,81	3,91
D	»	»	>3,79	>3,64	3,56	3,72	3,08	3,84	3,56	3,65
F	»	»	>3,59	3,39	3,38	>3,93	3,70	3,82	3,83	3,59
H	»	»	>3,56	3,65	>3,78	3,80	3,48	3,52	3,76	3,96
J	»	»	3,95	>3,86	>4,05	>3,88	3,88	3,58	3,77	3,86
K	»	»	3,21	3,31	3,57	3,43	3,06	3,12	3,32	2,14
L	»	»	2,58	3,52	3,89	4,01	3,46	2,39	3.61	3,75
S	»	»	3,76	4,23	—	—	—	—	—	—
N	»	F/Fg	3,40	>3,61	3,60	3,70	3,51	3,55	3,57	3,44
M	»	S/S	4,48	3,81	4,45	4,60	3,80	4,16	4,59	3,56
Q	»	F/S	4,16	>4,25	3,77	3,91	3,75	3,96	4,64	3,44
E	ET	F/F	2,13	2,37	2,44	3,05	2,65	2,73	2,51	2,06
G	UE	»	3,42	3,65	>3,63	3,93	4,04	3,56	3,52	3,55
O	SSch	»	3,69	3,60	3,22	2,98	3,22	3,14	2,71	3,01
P	Sta	»	—	—	1,72	2,32	2,29	2,33	2,10	1,90
R	K	»	4,15	>3,97	3,51	3,26	3,16	3,29	3,23	2,99
T	AW	»	3,39	3,32	—	—	—	—	—	—

Bei der Beurteilung der Zahlen ist in Betracht zu ziehen, daß einige Teilnehmer eben erst elektrisch zu schweißen begannen, daher Erfahrung noch nicht besaßen, das beweisen die Mindestwerte in Tafel IX. Fast alle Teilnehmer wünschten, mit Quasi-Arc-Elektroden zu schweißen; auf unser Verwenden hin wurden auch mit andern Elektroden geschweißte Serien eingeliefert. Die geschweißten Stäbe sind nicht geglüht worden, ausgenommen Serie N, auf die wir zurückkommen.

Trotz unverdickter Naht brachen einige Stäbe außerhalb derselben für 1,0 und 1,7 cm Stabdicke, naturgemäß ist die Festigkeit der Naht dann höher.

Fassen wir die Festigkeitszahlen der gleichartig, d. h. mit Quasi-Arc-Elektroden geschweißten Serien A bis S zusammen (Flußeisen / Flußeisen und Ausschluß der geglühten Serie N), so ergibt sich (Mittelwerte aus je 18—20 Stäben):

Zahlentafel IX. Zerreißfestigkeit (t/cm²). Mittlere, größte und kleinste Werte.

Quasi-Arc Elektroden, Flußeisen / Flußeisen.

	s = 1,0 cm		s = 1,7 cm			s = 2,5 cm		
	M. 1	M. 2	M. 4	M. 5	M. 6	M. 8	M. 9	M. 10
Mittelwert	>3,49	>3,70	>3,71	>3,85	3,61	3,45	3,68	3,61
Bruch außerhalb der Naht bei Anzahl Stäben	3	5	2	2	1			
Größter Einzelwert .	4,04	4,24	4,16	4,18	4,02	4,10	4,19	4,00
Kleinster Einzelwert	1,90	2,90	2,71	3,34	2,94	2,02	3,28	2,07

Die Festigkeit ist am größten bei den Stäben von 1,7 cm Dicke. Bei den V-Fugen ist sie größer für die wurzelseitig nachgeschweißten Muster M. 2, 5, 9 als bei den nicht nachgeschweißten M. 1, 4, 8. Bei den X-Fugen M. 6 und M. 10 ist die Festigkeit ein klein wenig geringer als bei den nachgeschweißten V-Fugen. Durchschnitt aller Werte = 3,63 t/cm² (148 Stäbe, QA-Elektroden). Dieser Durchschnitt ist in Wirklichkeit noch etwas größer, weil einige Stäbe außer der Schweißstelle brachen.

Die Höchst- und Mindestwerte ergeben beträchtliche Unterschiede, die zum Teil auf die individuelle Leistung des Schweißers, zum Teil auf Umstände wie: Dicke der verwendeten Elektroden usw. zurückzuführen sind. Die Mindestwerte kamen stets mit Schweißfehlern behafteten Nähten zu.

Das Anschweißen von Stahlguß an Flußeisen oder an Stahlguß (Serien M und Q) bietet, wie die Versuche zeigen, grundsätzlich keine Schwierigkeit und kann im Druckbehälterbau zugelassen werden. Die hohe Festigkeit dieser Serien ist offenbar nicht dem Stahlguß als solchem, sondern der Leistungsfähigkeit der betreffenden

Firma zuzuschreiben; sie hat zum Schweißen nur dünne Elektroden verwendet.

Die Festigkeit der mit andern als Quasi-Arc-Elektroden geschweißten Serien kann an Zahlentafel IX als Maßstab bewertet werden.

Kennzeichnend für die Festigkeitseigenschaften einer Naht ist das Aussehen ihrer Bruchfläche; die letztere läßt auch mit großer Deutlichkeit auf die Art der verwendeten Elektroden schließen. Dies geht aus Abb. 80—86 Seite 34 hervor. Abb. 80 (Quasi-Arc) und 81 (Alloy-Welding): sehnige, zackige Bruchflächen; Abb. 82 (Siemens-Schuckert) und 83 (Kjellberg) glatt und spröde, zum Teil kristallinisch glänzend. Abb. 84 (Stawert) und 85 (Elektro-Thermit; das Bruchstück rührt von der Kerbschlagprobe her) porös, voller Schlacken. Einige Bruchflächen der letztgenannten Serie sehen fast aus wie Honigwaben. — Bei Abb. 84 ist die Naht linksseitig nicht durchgeschweißt (Kerbe).

Der Ton der Bruchflächen war bei den Alloy-Welding- und Quasi-Arc-Serien meistens silbergrau, bei den andern eher dunkelgrau bis schwärzlich, letzteres war namentlich der Fall bei der UE-Serie; ein Stich ins Bräunliche kam vor bei den Elektro-Thermit-Schweißungen.

Abb. 86, S. 34, entstammt einer Kerbschlagprobe mit X-Fugenprofil. An der engsten Stelle des Profils ist die Naht nicht genügend durchgeschweißt.

Im allgemeinen erscheinen die Bruchflächen, mit denjenigen von Flußeisen und Stahlguß verglichen, wenig Vertrauen erweckend, und man würde die hohe Festigkeit, die trotzdem bei Verwendung geeigneter Elektroden erzielt wurde, nicht vermuten.

Folgerung. Die Zerreißfestigkeit elektrischen Schweißgutes (beim Schweißen niedergeschmolzenen Eisens) ist abhängig von der Art der verwendeten Elektroden. Die mit geeigneten Elektroden geschweißten Nähte besitzen bemerkenswert hohe Festigkeit; die letztere kann diejenige gewöhnlichen Flußeisens übersteigen.

Die Zerreißfestigkeit guter elektrisch geschweißter Nähte ist größer als diejenige von guten autogen geschweißten.

Nähte von Blechen verschiedener Dicke zeigen hinsichtlich ihrer Festigkeit geringe Unterschiede; bei diesen Versuchen kam den 1,7 cm dicken Nähten die größte Festigkeit zu.

Die Zerreißfestigkeit von Nähten mit X-Profil ist derjenigen von V-Nähten nach technischem Ermessen gleichzustellen. Es empfiehlt sich, die V-Fugen wurzelseitig nachzuschweißen zur Erhöhung der Nahtfestigkeit.

6. Kaltbiegeproben. Fugenschweißung.

Die Beschaffenheit der Probestäbe ist in Abb. 5 angegeben. Gleiche Stabstärken, gleiche Fugenprofile wie bei den Zerreißproben, Abhobeln der Verdickungen.

Muster 13, 16, 20 V-Fugen, wurzelseitig nicht nachgeschweißt.

M. 14, 17, 21 V-Fugen, wurzelseitig nachgeschweißt.

M. 18, 22 X-Fugen.

Man begnügte sich mit der Feststellung des Biegungswinkels α^0; die meisten Proben hielten eine nur so geringe Biegung aus, daß weder Krümmungsradius noch Wert $\varkappa = 50\,s : r$ festzustellen Belang hatte.

Die zur Biegung verwendeten Dorne besaßen stets Stabdicke. Für jedes Muster jeder Firma gelangten 2 Stäbe zur Prüfung, der eine belastet gemäß Auflagerung *a*, Abb. 5, der andere gemäß *b*. Zahlentafel X gibt indes die Mittelwerte. Geprüfte Stäbe insgesamt 264.

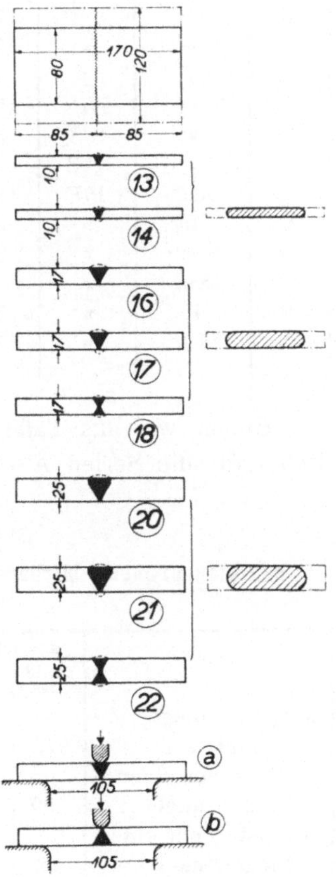

Abb. 5. Beschaffenheit der Probestäbe.

Zahlentafel X. Kaltbiegeproben, Biegewinkel α^0.
Bezeichnungen wie in Tafel VIII.

Zeichen	Elektroden	Stab-Material	s = 1,0 cm		s = 1,7 cm			s = 2,5 cm		
			M. 13	M. 14	M. 16	M. 17	M. 18	M. 20	M. 21	M. 22
A	QA	F/F	117	68	52	56	61	11	29	29
B	»	»	20	35	15	17	27	14	22	24
C	»	»	89	180	51	36	69	27	27	34
D	»	»	63	71	23	50	39	18	23	40
F	»	»	50	112	28	35	19	36	24	35
H	»	»	127	113	32	32	31	32	20	26
J	»	»	38	33	27	20	16	16	28	30
K	»	»	78	57	34	21	32	21	17	28
L	»	»	55	58	37	20	35	12	19	28
S	»	»	40	59						
N	»	F/Fg	56	180	49	62	43	45	46	45
M	»	S/S	36	33	25	24	25	21	26	16
Q	»	F/S	55	43	28	27	29	19	23	24
E	ET	F/F	14	12	10	13	15	5	8	6
G	UE	»	37	48	28	37	52	43	25	25
O	SSch	»	31	49	14	9	19	7	7	5
P	Sta	»			11	15	13	4	9	5
R	K	»	54	116	15	31	34	24	13	14
T	AW	»	50	55						

Bilden wir aus Tafel X die Durchschnittswerte (je 18—20 Stäbe) für die Serien A—S analog den Zerreißproben, so folgt:

Zahlentafel XI.
Kaltbiegeproben. Mittlerer, größter und kleinster Biegewinkel α^0
der Serien A—S.

	s = 1,0 cm		s = 1,7 cm			s = 2,5 cm		
	M. 13	M. 14	M. 16	M. 17	M. 18	M. 20	M. 21	M. 22
Mittlerer Biegewinkel	67,7	78,6	33,2	31,9	36,5	20,8	23,2	30,5
Größter einzelner Biegewinkel . .	180	180	57	68	75	37	37	49
Kleinster einzelner Biegewinkel . .	12	16	17	14	14	5	11	18

Man erkennt aus Zahlentafel X eine Abnahme des Biegewinkels α mit zunehmender Stabdicke s; dies ist ganz natürlich in Anbetracht, daß die Biegungs-Spannung bezw. -Festigkeit dem Widerstandsmoment umgekehrt proportional ist.

Die Würzburger Normen 1905 schreiben für die Kaltbiegeproben folgende Biegewinkel in Graden vor:

Bei Flußeisenblechen mit einer Festigkeit bis zu 4,2 t/cm² muß sich der Probestreifen in Längs- und Querfaser flach zusammenbiegen lassen.

Man vergleiche hiezu Tafel VI.

Für die autogen geschweißten Kaltbiegeproben von 1914 (S. 7 hievor) wurde bei Probestäben von 1,2 cm einheitlicher Dicke erreicht: 20—180°, im Mittel 162°. Wie die Tafeln X und XI zeigen, ist die Biegungsfestigkeit bezw. die Zähigkeit von elektrisch geschweißten Nähten beschränkt. Von den 1,0 cm-Stäben ließen sich bloß 7 um 180° biegen. Die Unterschiede von Firma zu Firma sind größer als bei den Zerreißproben.

Die Biegungsfestigkeit bezw. die Zähigkeit der Nähte ist, wie Zahlentafel X besagt, in hohem Maß abhängig von den Elektroden, mit denen sie geschweißt wurden. Für ihre Bewertung ist Zahlentafel XI ein Maßstab.

Die Serien Flußeisen/Stahlguß und Stahlguß/Stahlguß ergaben mittlere Biegewinkel. Auf die nach dem Schweißen geglühten Stäbe der Serie N kommen wir zurück.

Daß die wurzelseitig nachgeschweißten Nähte widerstandsfähiger sind, als die nicht nachgeschweißten, geht aus Zahlentafel XI bezw. aus dem Vergleich der Werte für M. 14, 17, 21 mit M. 13, 16, 20 deutlich hervor.

Um die Wirkung von Kerben, d. h. von ungeschweißt gebliebenen Furchen in den Wurzeln der V-Nähte besonders hervortreten zu lassen, wurde, wie gesagt, die Hälfte der V-Stäbe nach Auflagerungsart *a*, Abb. 5, die Zwillingshälfte nach *b* belastet. Es lagen gleichviel Stäbe jeder Sorte vor.

Der Belastungsfall *a* ist, wie aus Tafel XII hervorgeht, für mit Kerben behaftete Stäbe besonders kritisch.

Die Zahlen dieser Tafel geben indes kein vollkommenes Bild,

weil nicht alle Stäbe M. 13, 16, 20 wurzelseitig Kerben aufwiesen; vielmehr fand sich eine große Zahl solcher, die von oben bezw. bloß von einer Seite her ziemlich gut durchgeschweißt waren, z. B. Serie R. Dieser Fall ereignet sich, sobald der Schweißer die Fuge soweit öffnet, daß reichlich flüssiges Eisen durchfließen kann. Diese Methode wäre also zu befolgen, sobald Nähte aus äußern Gründen nur einseitig geschweißt werden können. Sie stellt allerdings gewisse Anforderungen an die Kunst des Schweißers.

Zahlentafel XII.
Durchschnittswerte des Biegewinkels α^0 von Stäben mit V-Nähten,
bei Auflagerung nach *a* und *b*, QA-Elektroden.

	Auflagerung	1,0 cm	1,7 cm	2,5 cm
		M. 13	M. 16	M. 20
Die Naht ist in der Wurzel nicht nachgeschweißt . .	*a*	65	31	36
	b	71	36	19
		M. 14	M. 17	M. 21
Die Naht ist in der Wurzel nachgeschweißt	*a*	68	32	24
	b	90	32	23

Die X-Nähte haben gemäß Tafeln X und XI höhere Biegewinkel erreicht als die V-Nähte, was als Richtlinie für die Wahl eines Profils dienen kann. Naturgemäß fallen für dünne Bleche — etwa unter 1,5 cm — X-Fugen außer Betracht.

Im Punkt Biegungsfestigkeit der Nähte wird die elektrische Schweißung noch vervollkommnet werden müssen.

Folgerung. Bei Kaltbiegeproben hängt die Biegungsfestigkeit von den beim Schweißen verwendeten Elektroden ab.

Die Biegewinkel elektrisch geschweißter Nähte sind geringer als autogen geschweißter; sie sind überhaupt gering.

Die Biegungsfestigkeit der Nähte mit X-Profil ist größer als diejenige mit V-Profil. Das wurzelseitige Nachschweißen der V-Nähte erhöht ihre Biegungsfestigkeit.

7. Kerbschlagproben. Fugenschweißung.

Die Kerbschlagprobe ist zur Zähigkeitsprüfung allgemein anerkannt; ihre Bewertung ist jedoch an gewisse Voraussetzungen geknüpft. Man hat erkannt, daß die Stoßfestigkeit abhängt vom Arbeitsvermögen des Metalls und von dem die Arbeit aufnehmenden Stoffvolumen.[1] Die Schlagarbeit (in mkg) kann nicht in einfache Abhängigkeit vom Schlagquerschnitt (in cm^2) gebracht werden. Infolgedessen dürfen, bei der Prüfung von Stäben verschiedener Breite, nur die gleich breiten untereinander verglichen werden hinsichtlich ihrer Kerbzähigkeit, auch wenn die Höhe des Schlagquerschnittes stets dieselbe ist. Immerhin scheint ein gewisses einfaches Verhältnis von Schlagarbeit zu Schlagquerschnitt vorzuliegen für Stabbreiten von 1,0 bis 2,0 cm.

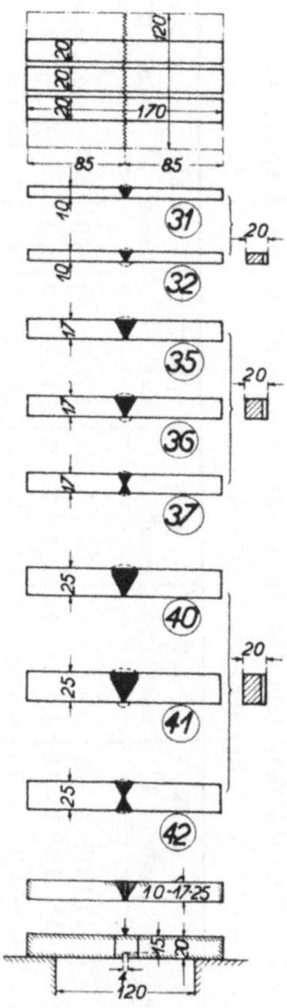

Abb. 6. Beschaffenheit der Kerbschlag-Probestäbe.

In unserm Fall handelt es sich gemäß Abb. 6 um Stäbe der Breite $b = 1{,}0$, $1{,}7$, $2{,}5$ cm; die Stabhöhe über Kerbe c ist stets 1,5 cm, Durchmesser der Kerbe 4 mm. Die Lage, in der die Schweißstelle dem Hammer dargeboten wurde, ist in Abb. 6 gekennzeichnet. Als Kerbzähigkeit oder Deformationsarbeit oder spezifische Schlagarbeit K wird bezeichnet der Quotient Schlagarbeit : Schlagquerschnitt, $K = S : F$ mkg/cm^2. Die Nahtprofile bei den Probestäben sind die frühern. Verdickungen der Schweißstellen wurden abgehobelt.

[1] Diese Ansicht ist zuerst von F. Schüle (Zürich) vertreten worden. Eingehend haben sich seither mit der Frage der Kerbschlagprobe befaßt Dr. ing. M. Moser (Stahl und Eisen, 1922, S. 90) und Dr. P. Fillunger (Schweiz. Bauzeitung, 24. November und 1. Dezember 1923).

Zahlentafel XIII. Kerbzähigkeit (spezifische Schlagarbeit) mkg/cm² und Biegungswinkel φ^0.

Bezeichnungen wie in Tafel VIII.

Zeichen	Elektroden	Stab-Material	M. 31 kgm/cm²	M. 31 φ^0	M. 32 kgm/cm²	M. 32 φ^0	M. 35 kgm/cm²	M. 35 φ^0	M. 36 kgm/cm²	M. 36 φ^0	M. 37 kgm/cm²	M. 37 φ^0	M. 40 kgm/cm²	M. 40 φ^0	M. 41 kgm/cm²	M. 41 φ^0	M. 42 kgm/cm²	M. 42 φ^0
A	QA	F/F	11,7	7—17	12,5	5—31	—	—	8,4	7—25	8,7	7—13	6,9	11	12,3	9—15	9,4	9—12
B	»	»	3,2	6—17	5,6	7—16	4,0	4—16	4,2	5—17	4,1	5—17	3,0	4—12	3,8	4—11	3,8	5—17
C	»	»	6,5	12—18	5,5	9—16	6,6	8—17	5,6	7—18	5,3	4—15	4,4	7—18	3,8	3—15	4,4	6—18
D	»	»	5,1	4—18	4,4	4—16	1,7	2—5	0,8	1—2	4,4	5—15	1,8	1—7	1,0	2—8	2,4	3—10
F	»	»	2,8	7—10	3,3	6—12	1,6	5—7	2,6	5—8	2,2	6	2,6	10	2,7	7	1,9	9
H	»	»	5,3	8—17	3,7	4—9	1,6	5—7	1,9	1—7	1,9	3—7	0,5	1	0,7	2—4	2,6	5—10
J	»	»	3,2	7—11	5,2	9—17	1,9	3—6	4,0	5—8	3,2	5—9	0,9	2—3	1,1	2—3	2,7	4—8
K	»	»	7,7	6—21	2,9	3—11	4,8	7—19	5,1	8—14	5,1	4—14	3,1	4—8	4,6	6—10	4,9	4—12
L	»	»	4,1	2—22	3,9	2—16	1,3	3—8	3,8	2—17	2,6	2—12	1,0	3—6	0,3	4	3,5	3—14
S	»	»	3,2	1—10	2,8	2—5												
N	»	F/Fg	5,0	9—16	2,8	5—14	1,0	2	0,7	2	0,4	2	1,1	2	0,5	1	1,2	2
M	»	S/S	5,2	4—22	4,3	4—19	4,8	4—17	4,7	7—17	2,5	4—14	3,9	3—12	3,8	3—12	2,8	2—16
Q	»	F/S	5,4	7—15	5,7	5—15	3,6	3—12	5,6	5—14	5,3	6—13	3,2	4—10	3,8	4—12	4,0	4—13
E	ET	F/F	3,5	2—16	4,0	4—16	2,8	4—17	3,5	3—15	3,3	4—12	2,1	2—13	2,0	3—10	3,0	2—16
G	UE	»	6,2	8—20	8,1	9—29	3,15	6—13	6,5	6—20	3,2	6—15	2,3	4—15	4,3	6—16	3,0	3—11
O	SSch	»	0,6	1	0,3	2	0,4	2	0,5	2	0,3	1	0,3	3	0,1	1	0,3	2
P	Sta	»	1,8	8	2,0	5	2,1	10	2,1	5			2,1	7	2,3	10	1,0	8
R	K	»	1,9	2—6	2,2	2—6	0,3	2	0,6	3	0,4	2	0,5	1	0,5	3	0,9	5
T	AW	»	15,6	11—34	10,6	7—27												

Muster 31, 35, 40 V-Fugen, wurzelseitig nicht nachgeschweißt.
M. 32, 36, 41 V-Fugen, wurzelseitig nachgeschweißt.
M. 37, 40 X-Fugen.

Jedes Muster jeder Firma ist dreifach zur Prüfung gelangt, Zahlentafel XIII gibt die Mittelwerte. Probestäbe insgesamt 417.

Für die Serien A—S stellen wir wie früher Mittelwerte zusammen (aus je 30 Einzelwerten).

Zahlentafel XIV.
Mittel-, Höchst- und Mindestwerte für die Kerbzähigkeit K (mkg/cm²).
Serien A—S.

	s = 1,0 cm		s = 1,7 cm			s = 2,5 cm		
	M. 31	M. 32	M. 35	M. 36	M. 37	M. 40	M. 41	M. 42
Mittelwert	5,3	5,0	2,9	4,0	5,3	2,7	3,4	4,0
Höchster Einzelwert.	12,9	14,8	7,4	11,1	12,1	9,4	13,6	10,4
Mindester Einzelwert	1,2	1,1	0,6	0,6	0,8	0,45	0,2	0,85

Ein Vergleich mit Zahlentafel VII ergibt den bedeutenden Abstand elektrischen Schweißgutes von ungeschweißtem Eisen hinsichtlich der Kerbzähigkeit. Dagegen ist der Unterschied gegenüber autogenem Schweißgut (Zahlentafel II) nicht sehr groß für Nähte, die mit geeigneten Elektroden geschweißt sind. Es gibt gemäß Zahlentafel XIII jedoch Nähte, deren Kerbzähigkeit äußerst gering ist, was offenbar dem betreffenden Elektrodenmaterial in erster Linie zur Last fällt. Tafel XIV kann als Maßstab für den Vergleich dienen. Daß die Kunst des Schweißers oder die Methode der Firma auch mitspricht, beweisen die Höchst- und Mindestwerte der Tafel XIV. Die Höchstwerte derselben kommen ein und derselben Firma (A) zu — mit einer Ausnahme indessen; die Mindestwerte verteilen sich auf verschiedene.

Zur Verminderung der Sprödigkeit sollte bei der elektrischen Schweißung also noch ein kräftiger Hebel angesetzt werden, bei jeder Firma für sich. Zur Prüfung des Schweißgutes geben Biegeproben im Schraubstock schon guten Aufschluß.

Auch über die Zweckmäßigkeit der Fugenform kann Zahlentafel XIV gewissen Aufschluß erteilen. Die Bruchflächen waren ähnlich beschaffen wie an den zerrissenen Stäben; es sei auf die bezüglichen Bemerkungen auf Seite 18 sowie auf die Abbildungen Seite 34 verwiesen.

Folgerung. Die Kerbzähigkeit von elektrischem Schweißgut ist von der Art der verwendeten Elektroden abhängig.

Die Kerbzähigkeit der hier geprüften elektrisch geschweißten Nähte ist weit geringer als diejenige von Flußeisen; sie unterscheidet sich bei Verwendung geeigneter Elektroden wenig von derjenigen autogen niedergeschmolzenen Eisens.

X-Nähte und wurzelseitig nachgeschweißte V-Nähte erreichen höhere Kerbzähigkeit, als wurzelseitig nicht nachgeschweißte V-Nähte gleicher Dicke.

8. Härte elektrisch geschweißter Nähte.

Zur Härtebestimmung wurde die Brinellsche Kugeldruckprobe angewandt, Kugeldurchmesser 9,5 mm, Kugelbelastung 1000 kg. Härtezahl H = Kugelbelastung : Fläche des Eindrucks. Von jeder Serie wurden 3 Stäbe dieser Probe unterworfen; Eindrücke erfolgten innerhalb der Naht und außerhalb, d.h. im Blech; die Zahlentafel XV enthält die Mittelwerte. Die Kugel wurde auf die quer durchgehobelte Schweißstelle und ein wenig davon entfernt auf das Blech in seiner Mitte aufgelegt.

Zahlentafel XV. Härte H (kg/mm²) elektrisch geschweißter Nähte.

Zeichen	Elektrode	Stabmaterial	Blech H kg/mm²	Naht H kg/mm²	Zeichen	Elektrode	Stabmaterial	Blech H kg/mm²	Naht H kg/mm²
A	QA	F/F	112	136	N	QA	F/Fg	103	109
B	»	»	107	132	M	»	S/S	136	135
C	»	»	111	145	Q	»	F/S	104	139
D	»	»	108	117	E	ET	F/F	111	103
F	»	»	113	137	G	UE	»	110	136
H	»	»	110	131	O	SSch	»	104	146
J	»	»	113	131	P	Sta	»	109	123
L	»	»	110	135	R	K	»	107	121

Die Härte außerhalb der Schweißstelle bewegt sich für Flußeisen zwischen den Einzelwerten 96 und 141 kg/mm²; sie ist im Mittel 109 kg/mm². Die Härte der mit Quasi-Arc-Elektroden geschweißten Nähte liegt zwischen 114 und 165 kg/mm² und beträgt im Mittel 134 kg/mm² für nicht geglühtes Schweißmetall. Geglühtes Metall (Serie N) ist weicher, 109 kg/mm².

Elektrisch geschweißtes Metall ist also härter als gewöhnliches Flußeisen; es ist auch härter als autogen geschweißtes, denn bei den Autogen-Proben 1914 erhielten wir als mittlere Härte 108,2 kg/mm², wogegen für das Blech damals H = 102,8 kg/mm² war.

Von den Nicht-QA-Elektroden gibt Elektro-Thermit das weichste Schweißgut; man vergleiche hiezu die betreffenden Festigkeitsverhältnisse. Die Nähte von Kjellberg-Elektroden sind mittelhart; im Hinblick auf die Sprödigkeit hätte man größere Härte erwartet.

Folgerung. Die Härte elektrischen Schweißgutes ist höher als diejenige gewöhnlichen Flußeisens und autogen niedergeschmolzenen Metalls.

9. Die Aetzproben.

Von jedem Muster wurde mindestens eine Probe geätzt, bei verschiedener Auswahl unter den Serien. Innerhalb einer Serie war die Wahl des Aetzprobestabes rein zufällig. Wir beschränken uns auf die Darstellung weniger Beispiele im Bild.

Daß Verkrümmungen der Stäbe bezw. der Stabhälften gegeneinander vorkommen, zeigt Abb. 7. Die dicken Stäbe mit V-Nähten, namentlich die 2,5 cm dicken, aber auch schon diejenigen von 1,7 cm Stärke, waren häufig krumm; die größte verzeichnete Neigung ist in der Abbildung angegeben. Dagegen waren die 1,0 cm Stäbe selten verbogen.

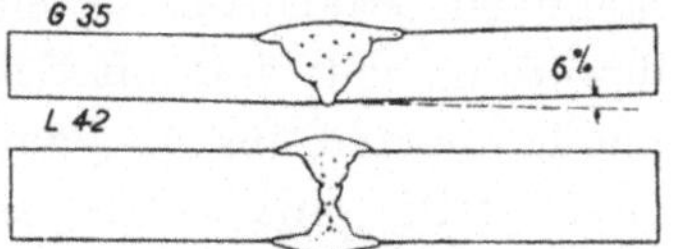

Abb. 7. Verkrümmter und gerader Probestab.

Die Stäbe mit X-Nähten (Abb. 7 unten) zeigen sich in weit geringerm Maße verbogen als die V-Stäbe.

Die Verkrümmung der Stäbe ist ohne Zweifel auf Wärmespannungen zurückzuführen; das geschmolzene Eisen schrumpft beim Erstarren zusammen; je breiter eine Schicht — z. B. die oberste einer großen V-Naht — desto stärker die Schrumpfung. Hier ist nun die X-Fuge im Vorteil; ihre äußere Oeffnung ist geometrisch genommen nur halb so weit als diejenige bei der gleich hohen V-Fuge. Kommt hinzu, daß bei den X-Nähten die Schrumpfwirkung bei der einen Nahthälfte infolge derjenigen bei der gegenständigen aufgehoben wird — ob mit zurückbleibenden Spannungen, bleibt dahingestellt.

Wie bereits erwähnt, wird die Wärmeentwicklung eingeschränkt bei Verwendung dünner Elektroden.

Abb. 7 und 8 zeigen, daß das programmäßig vorgeschriebene Fugenprofil (Abb. 4) von den Firmen nicht immer so genau eingehalten worden ist; der Fugenwinkel bei G 35 (Abb. 7) war zirka 90°, diejenigen bei L 42 kaum 60°. Bei den beiden Nähten kommen Ueberwallungen vor; wir haben solche oft feststellen können (B 32, F 37, H 40 in Abb. 8).

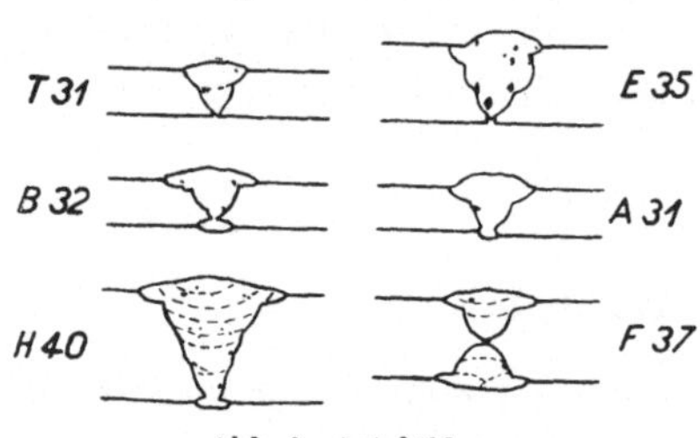

Abb. 8 Aetzbilder.

Wurzelseitig nicht nachgeschweißte V-Nähte zeigen hie und da Kerben in der Wurzel (T 31, E 35 in Abb. 8). Kann, bei stark geöffneter Fuge, etwas flüssiges Eisen durchfließen, so verschwindet die Kerbe auch bei nicht nachgeschweißten Nähten (A 31). Wurzelseitig nachgeschweißt sind die Nähte B 32, H 40. Zu dieser letztern Ausführung kann man Zutrauen fassen. Eine X-Fuge, F 37, wies in der engsten Stelle ein Schlackennest auf. Für diese Fugen besteht die Befürchtung, daß dort oft Schlacke sich vorfindet, wegen schlechter Zugänglichkeit für die Säuberung. Und doch ist es wichtig, auch diese Stelle gewissenhaft zu säubern.

Die Grenzlinie zwischen Schweißgut und Stabmaterial ist deutlich sichtbar bei der elektrischen Schweißung, deutlicher als bei der autogenen. Mikroskopisch — wir nehmen dies voraus — ließ sich in der Uebergangsschicht nie etwas entdecken, das abnormal gewesen wäre; die Körner waren stets satt aneinander gelagert.

Die Grenzlinien zwischen Naht und Eisen sind häufig zusammengesetzt aus einer Reihe kleiner Bogen — Wirkungen des elektrischen Focus. Schon hieraus könnte in Zweifelfällen erkannt werden, daß es sich um eine elektrisch geschweißte Naht handelt.

Grobkörnige Struktur, von Ueberhitzung herrührend, wies keine einzige der Aetzproben auf.

Einige Aetzbilder zeigten einen helleren Ton als die übrigen; einzelnen Quasi-Arc- und Alloy-Welding-Schweißungen war der silbergraue des Flußeisens zu eigen; bei den übrigen war ein Stich ins Dunkle mit mehreren Stufen wahrnehmbar. Die geglühte Quasi-Arc-Aetzprobe zeigte ebenfalls dunkle Farbe im Unterschied zur nicht geglühten.

Einige Aetzproben wiesen geringere Schlackeneinschlüsse auf als die übrigen; am größten waren sie bei den Aetzproben der mit ET- und Sta-Elektroden geschweißten Serien.

Folgerung. Die Stäbe mit X-Nähten werden weniger durch Wärmewirkung verkrümmt als diejenigen mit V-Nähten.

Die wurzelseitig nicht nachgeschweißten V-Nähte weisen häufig Kerben auf. Es entstehen solche in vermindertem Maße, sobald die Fugen beim Schweißen so weit geöffnet werden, daß niedergeschmolzenes Eisen durchfließen kann.

Ueberhitzte Struktur wurde nicht festgestellt.

Verschieden schattierte Aetzbilder lassen auf die Verwendung verschiedenen Elektrodenmaterials schließen.

Zahl und Größe der Schlackeneinschlüsse scheinen nicht allein von der Gewissenhaftigkeit des Schweißers, sondern auch vom verwendeten Elektrodenmaterial abzuhängen.

10. Mikroskopische Untersuchungen.

Dieses Gebiet lag einigermaßen außerhalb des Rahmens der Versuche, doch konnten wir nicht daran vorübergehen, ohne einen Blick darauf zu werfen. Was wir fanden, sieht ziemlich anders aus als die Bilder aus Katalogen. Daher mögen hier einige Mikrophotographien wiedergegeben werden; sie machen keinen Anspruch auf Vollständigkeit. Unter den unendlich vielen möglichen Schnitten durch die Schweißnähte der uns eingelieferten Proben wurden von der Prüfungsanstalt ein paar solche nach Zufall ausgeführt und geätzt, hievon stammen die Bilder ohne alle Auswahl.

Die Aetzung erfolgte mit 10 % wässeriger Salpetersäure.

Abb. 9 auf Seite 33 (160fache Vergrößerung, Quasi-Arc-Elektroden), rührt von den Versuchen von 1921 her. Das Bild zeigt Ferrit von äußerst feinkörniger Struktur, dazu mäßig viele Schlackeneinschlüsse.

Abb. 10 (V. 550, Quasi-Arc-Elektroden) stammt ebenfalls von den Versuchen von 1921. Das Aetzbild der betreffenden Naht zeigt etwas grobkristallinische Struktur und weist daher auf überhitztes Schweißgut hin (Ueberhitzungen kamen indessen nicht mehr vor bei den vorliegenden Versuchen). Dem mikroskopischen Bild zufolge besteht das Gefüge ausschließlich aus Ferrit, jedoch von ganz unregelmäßiger Beschaffenheit. Bei V. 550 (Abb. 10) läßt sich eine Menge dunkler scharf abgeschnittener Stäbchen erkennen.

Diese Formen sind bisher von verschiedenen Forschern bemerkt und beschrieben worden, auch der Verfasser hat sich damit abgegeben. Sonderproben[1] haben bewiesen, daß Stäbchenbildung besonders reichlich erfolgte bei Zuleitung von Sauerstoff in bedeutendem Ueberschuß zur autogenen Schweißflamme. Dies ließ uns auf Oxydbildungen, hervorgebracht durch hohe Temperatur, schließen.

Andere Forscher wollen in diesen Nadeln Eisen von besonders hohem Stickstoffgehalt erblicken.[2]

Abb. 11. Serie A, Quasi-Arc-Elektroden, V. 160. Gemenge von Ferrit (weiß) mit dunkeln Flecken von sorbitartigem Perlit[3] und zahlreichen kleinen rundlichen Schlackeneinschlüssen.

---

[1] Versuche mit autogen geschweißten Kesselblechen, 1914, Abb. 44 und 45.

[2] R. Strauß, Stahl und Eisen, 1914, S. 1056.

[3] Sorbit ist ein sehr dichter Perlit, d. h. bestehend aus sehr enge gelagerten Zementitlamellen; er entsteht bei rascher Abkühlung des Eisens. Ueber Ferrit, Perlit usw. siehe unsere frühern Berichte über Schweißung 1914 und 1921.

Abb. 12. Serie Q, Quasi-Arc-Elektroden, V. 160. Sehr feinkörniger Ferrit, von sehr unregelmäßiger und dichter Struktur.

Abb. 13. Serie C, Quasi-Arc-Elektroden, V. 160. Ausschließlich feinkörniger Ferrit.

Abb. 14. Serie N, Quasi-Arc-Elektroden, V. 160. Diese Serie ist vom gleichem Schweißer geschweißt worden wie Serie C (Abb. 13); nach dem Schweißen wurde N geglüht. Die Ferritkörner sind etwas größer, im übrigen ist das Bild gleich beschaffen wie C.

Abb. 15 (S. 34). Serie R, Kjellberg-Elektroden, V. 160. Ferrit von ganz unregelmäßiger Struktur mit dunklern und hellern Partien. Dieses Gefüge ist verschieden von dem bisher beschriebenen.

Abb. 16. Serie T, Alloy-Welding-Elektroden, V. 160. Gut ausgebildeter ziemlich feinkörniger Ferrit mit wenig Perlit.

Abb. 17. V. 32 (von den Versuchen von 1921 stammend, Quasi-Arc-Elektroden). Uebergang von elektrischem Schweißgut ins Blech; links Blech, rechts Schweißgut. Der Uebergang zeigt keine Mängel.

Abb. 18. V. 40. Elektrische (Quasi-Arc-Elektroden) und autogene Schweißung an Blech. Letzteres Mitte oben, elektrisches Schweißgut links, autogenes rechts unten. Normaler Uebergang aller drei Stoffe ineinander.

Folgerung. Sämtliche Gefügebilder zeigen mehr oder minder feinkörnige Struktur, bedingt durch die stets rasche Abkühlung des Schweißgutes.

11. Nachträgliches Glühen elektrischen Schweißgutes.

Bei der autogenen Schweißung ist das nachträgliche Glühen der Nähte so wichtig für ihre Vergütung, daß dieser Frage auch bei der elektrischen Schweißung näher zu treten war. Vom gleichen Schweißer wurden unter Verwendung gleicher Elektroden (Quasi-Arc) und gleicher Stabhälften die Serien C und N geschweißt; C nach dem Schweißen nicht geglüht, N während ca. 30 Minuten einer Glühtemperatur von 820° bis 840° C ausgesetzt. Der Erfolg geht aus Zahlentafel XVI hervor, letztere als Auszug aus frühern Tafeln entstanden.

Zahlentafel XVI.
Nach dem Schweißen nicht geglühte (C) und geglühte (N) Probestäbe.

Serie	V 10	V 10	V 17	V 17	X 17	V 25	V 25	X 25
	Zerreißfestigkeit t/cm² (je 2 Stäbe)							
C	3,78	> 4,02	3,98	4,07	3,97	3,97	3,81	3,91
N	3,40	> 3,61	3,60	3,70	3,51	3,55	3,57	3,44
	Kaltbiegeproben, Biegewinkel α^0 (je 2 Stäbe)							
C	89	180	51	36	69	27	27	34
N	56	180	49	62	43	45	46	45
	Kerbschlagproben (je 3 Stäbe). Deformationsarbeit mkg/cm²							
C	6,5	5,55	6,6	5,6	5,3	4,4	3,8	4,4
N	5,0	2,8	1,0	0,7	0,4	1,1	0,5	1,2
	id. Biegungswinkel φ^0							
C	12—18	9,3—16,3	8,3—17,3	6,7—18,0	4—15	6,7—18,3	3—14,7	6,3—18,3
N	9—15,7	5,3—14	2	2	1,7	2	1	1,7

Durch das Glühen nimmt die Zerreißfestigkeit ab im Verhältnis des Glühungseinflusses, was nicht abnormal erscheint; bei der Biegefestigkeit zeigt sich kein entscheidender Unterschied; dagegen sinkt die Kerbzähigkeit erheblich. Die Härtezahl verminderte sich von 145 (C) auf 109 kg/mm² (N).

Bei den Biegeproben sind die gemäß Auflagerungsart *a* und *b* gefundenen Zahlen zusammengefaßt.

Folgerung. Das Glühen elektrisch geschweißten Eisens scheint nicht ratsam zu sein; auch hier kommt es auf die Art der verwendeten Elektroden an.

12. Autogen geschweißte Nähte, elektrisch nachgeschweißt.

Nach bisheriger Erfahrung scheint die elektrische Schweißung die autogene nicht auszuschließen, beide Verfahren können im Gegenteil einander ergänzen.

Die Frage, ob es möglich sei, autogen geschweißte Nähte elektrisch nachzuschweißen, stellt sich deswegen, weil das autogene Nachschweißen Schwierigkeiten bereitet wegen Wärmewirkungen. Autogen geschweißte Nähte sollten aber wurzelseitig ebenso nachgeschweißt und verdickt werden wie elektrisch geschweißte.

Wir haben zur Prüfung nur wenige Probestäbe anfertigen

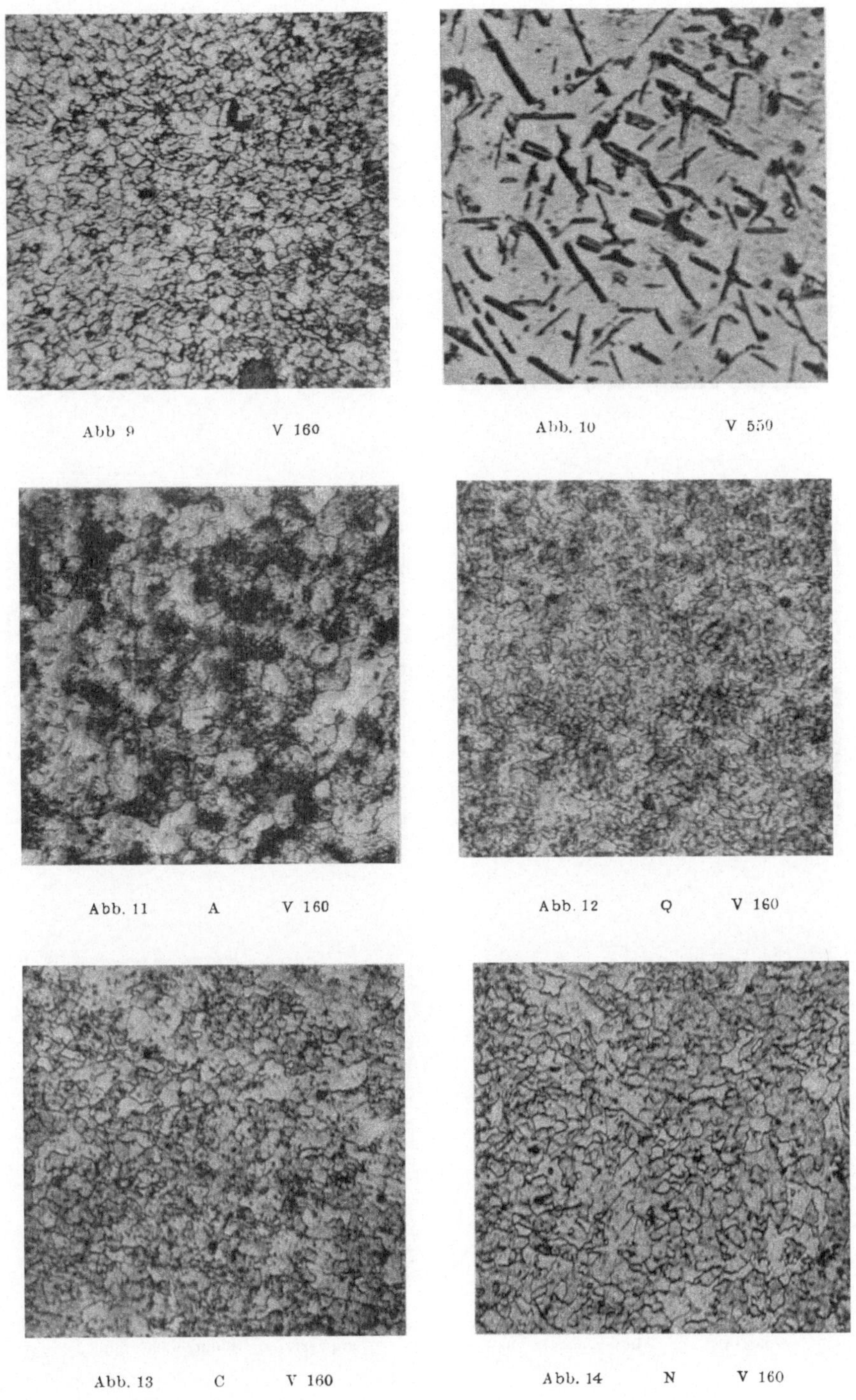

Abb. 9 V 160

Abb. 10 V 550

Abb. 11 A V 160

Abb. 12 Q V 160

Abb. 13 C V 160

Abb. 14 N V 160

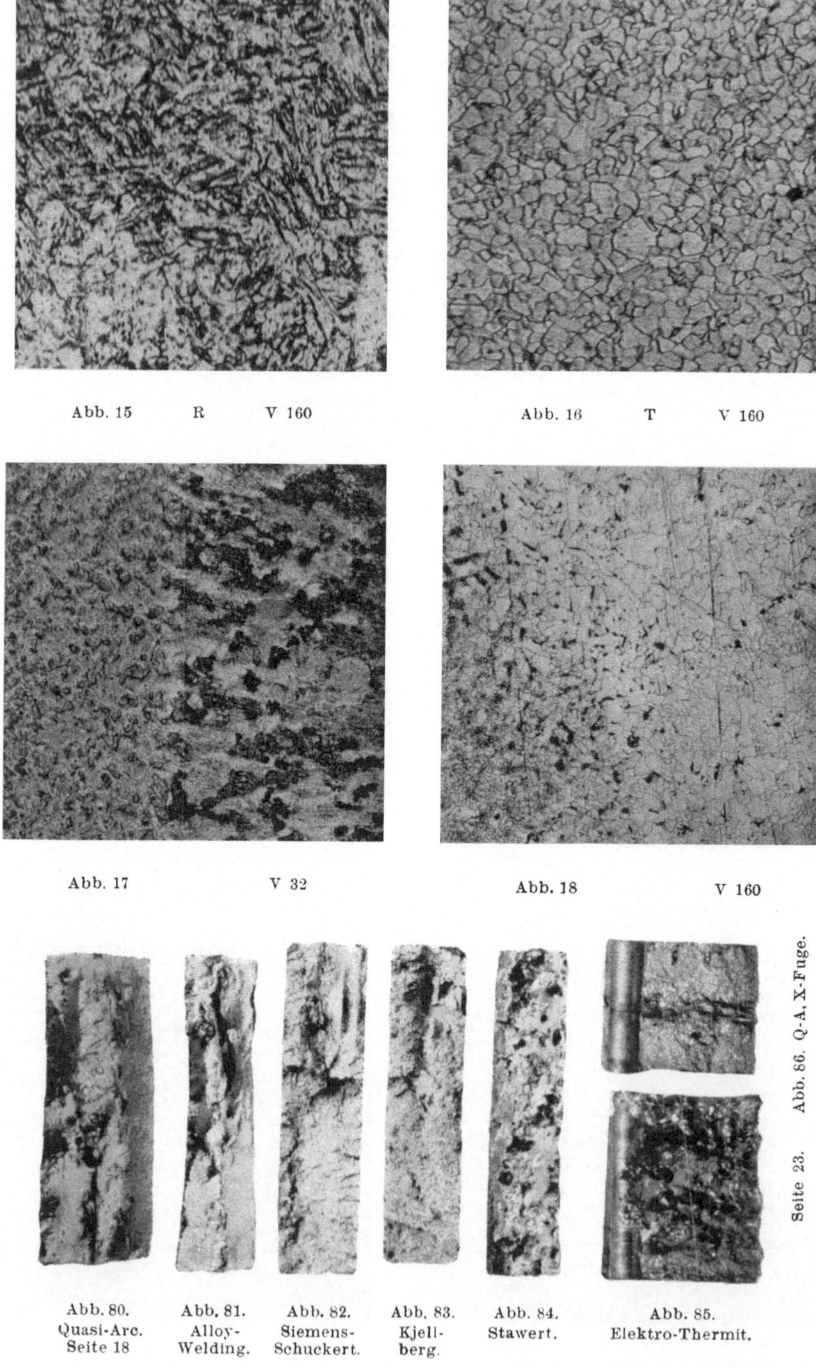

Abb. 15 R V 160

Abb. 16 T V 160

Abb. 17 V 32

Abb. 18 V 160

Abb. 80. Quasi-Arc. Seite 18

Abb. 81. Alloy-Welding.

Abb. 82. Siemens-Schuckert.

Abb. 83. Kjellberg.

Abb. 84. Stawert.

Abb. 85. Elektro-Thermit.

Seite 23. Abb. 86. Q-A, X-Fuge.

lassen. Die V-Nähte waren autogen geschweißt, die Fugenwurzel elektrisch nachgeschweißt. Das Aetzbild bezw. das mikroskopische zeigte nichts Außergewöhnliches, beiderlei Metall hatte gut gebunden (siehe Abb. 18).

Drei Zerreißstäbe, Form II (Abb. 3), 1,7 cm dick, ergaben die Festigkeit

t/cm² 2,79 2,86 2,78, Mittelwert 2,81

Es sind dies gewöhnliche Werte, wie sie autogen geschweißtem Metall zukommen.

Folgerung. Soweit diese Proben beschränkten Umfangs ein Urteil zulassen, ist es angängig, autogen geschweißte Nähte elektrisch nachzuschweißen.

13. Ueberlappt geschweißte Probestäbe.

Wir hielten wenige Stäbe für genügend für die Ermittlung der Festigkeitseigenschaften der überlappt geschweißten Blechverbindung („Randschweissung", „Stirnschweißung", „Kehlschweißung"). Die Probestäbe waren so eingerichtet, daß die Nähte brechen mußten, was Abb. 19 beweist. Die Nahtbreite wurde durch Fräsen genau auf 50 mm gehalten. M. 51 Stabdicke 12 mm, M. 151 Stabdicke 17 mm.

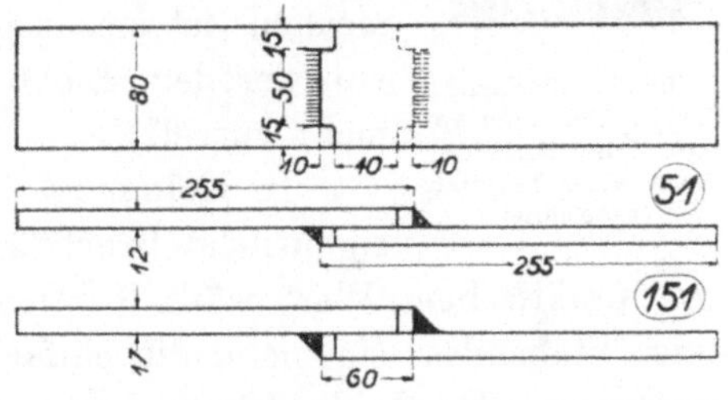

Abb. 19. Ueberlappt geschweißte Probestäbe.

Diese Serien sind mit Quasi-Arc-Elektroden geschweißt worden, G ausgenommen. Der Böschungswinkel jeder Schweißnaht war 45° (Abb. 21), ausgenommen bei U (Naht konkav, Abb. 22) und bei W (Naht konvex, Abb. 23); diese Abweichungen wegen der Frage nach dem richtigen Nahtprofil. Stab U und Stab W sind vom gleichen Schweißer geschweißt worden, was für den Vergleich wertvoll ist.

Die Werte für δ werden durch die Versuche mit Doppellaschen (Zahlentafel XX) bestätigt, obwohl die Art der Beanspruchung streng genommen dort nicht mehr ganz gleich ist.

Zahlentafel XVII. Abreißfestigkeit δ überlappt geschweißter Stäbe.

1 Zeichen des Stabes	2 Nahtprofil	3 Blechdicke s, cm	4 Stirnfläche F, cm²	5 Abreißkraft insgesamt Q, t	6 Abreißfestigkeit δ pro cm² beider Stirnflächen $Q:2F=\delta$, t/cm²	7 Mittelwert $Q:2F=\delta$ t/cm²
E 51	Abb. 21	1,2	5,95	26,3	2,21	2,24
G 51		1,2	5,8	26,4	2,28	
H 51		1,2	5,5	25,9	2,34	
U 51	Abb. 22	1,2	5,9	26,5	2,25	2,25
W 51	Abb. 23	1,2	6,0	30,4	2,53	2,53
J 151	Abb. 21	1,7	8,5	42,15	2,48	2,44
J 151		1,7	8,84	42,60	2,41	

Die Bruchfläche verlief meistens quer durch die Schweißnaht, wie in Abb. 21—23 durch Zickzacklinien angedeutet, so daß weder ein eigentliches Abscheren vom Stab noch ein Abreißen von der Stirnfläche stattfand. Abb. 20 gibt Auskunft über die typische Beschaffenheit der Bruchfläche; meistens ist sie ausgezogen (was bei Anwendung von sprödem Elektroden-Material indessen nicht mehr zutrifft).

Abb. 20. Typische Bruchflächen überlappter Schweißnähte, nach einer Photogr. gezeichnet.

In Kolonne 4 der Tafel ist mit F nicht die eigentliche Bruchfläche, deren Ermittlung kaum von praktischem Wert wäre, bezeichnet, sondern die Stirnfläche eines Stabendes; sie bietet die einfachste Basis für die Festigkeitsrechnung. Da beide Nähte bezw. Stirnflächen am Widerstand gegen Bruch ganz gleich beteiligt sind, ist die spezifische Abreißkraft (= Abreißfestigkeit) zu setzen

$$\delta = Q : 2F.$$

Dies ist die Zahl, mit welcher technisch zu rechnen ist. Bei den Stäben E — H — G (12 mm, Böschungswinkel 45°) ist die mittlere Abreißfestigkeit $\delta = 2{,}24$ t/cm². Der Stab U mit konkavem, d. h.

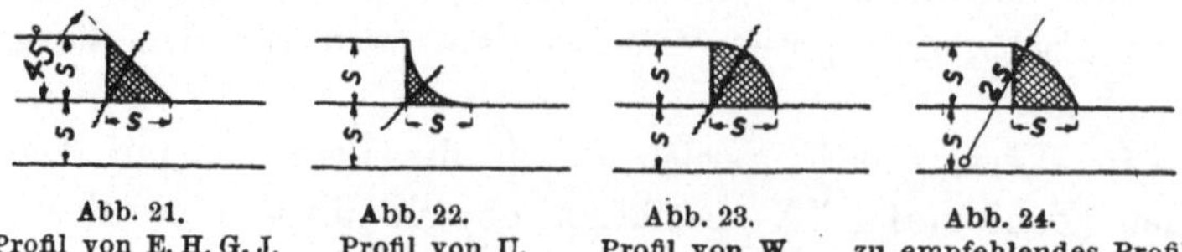

Abb. 21. Profil von E. H. G. J.   Abb. 22. Profil von U.   Abb. 23. Profil von W.   Abb. 24. zu empfehlendes Profil.

Verschiedene Nahtprofile für Stirnschweißung.

schwächerem Nahtprofil (Abb. 22) erreichte 2,25 t/cm², W mit konvexem, d. h. stärkerm Profil (Abb. 23) 2,53 t/cm². Daraus geht hervor, daß das verstärkte (konvexe) Profil demjenigen mit Böschungswinkel von 45° (Abb. 21) vorgezogen werden muß. Daher muß künftig für Stirnschweißungen ein Profil gemäß Abb. 23 oder wenigstens Abb. 24 verlangt werden.

Bei den Versuchen mit autogen geschweißten überlappten Stäben im Jahre 1921 (Kap. 8) wurde häufiges Abreißen des Nahtmaterials von der Stirnfläche beobachtet. Das autogen niedergeschmolzene Eisen hatte nicht gebunden. Dagegen fehlte ein metallischer Verband nie bei der elektrischen Schweißung.

Festigkeitsverhältnis von überlappten Schweißnähten. Wir stellen uns vor, die Last werde übertragen durch einen Stab von der Breite der Stirnfläche, d. h. die Stabbreite werde an der Schweißstelle nicht vermindert. Dann hat ein Stab von 5,0 · 1,2 = 6,0 cm² eine Belastung auszuhalten wie in Zahlentafel XVII oben angegeben, z. B. 26,3 t oder 26,4 t oder 25,9 t, im Mittel = 26,2 t. Ist der Stab aus gewöhnlichem Flußeisen, so liegt die Bruchbelastung bei 6,0 · 3,6 = 21,6 t. Das Verhältnis von Festigkeit der Schweißverbindung zur Festigkeit des Stabes beträgt 26,2 : 21,6 = 121 % = z. Beim Stab W ist z = 30,4 : 21,6 = 141 %. (Die Versuche mit elektrisch geschweißten Stäben vom Jahr 1921, Zahlentafel X, stehen im Einklang mit diesem Ergebnis.) Die überlappte Schweißung, gute Ausführung vorausgesetzt, ist also fester als das Blech. Dies wurde

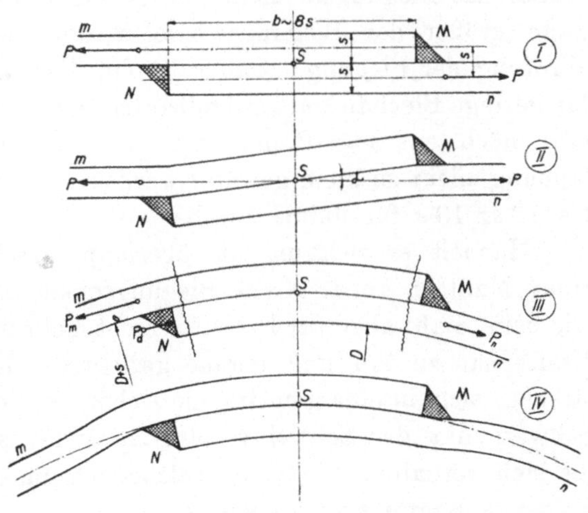

Abb. 25. Beanspruchung von überlappt geschweißten Stäben und gewölbten Blechen.

auch durch das Verhalten von Probebehälter XII (Kap. 21) bestätigt; es sei hierauf verwiesen.

Bedenken gegen die allgemeine Verwendung der überlappten Schweißung entstehen, weil die Nähte nicht nur auf Zug und Schub, sondern auch auf Biegung beansprucht sind; auch die Bleche erleiden Biegung.

Die Ueberlappung bringt ein Kräftepaar P mit sich; von ihm rührt das Biegungsmoment Ps her. Das letztere verschwindet, sobald beide Stabachsen in eine Ebene zu liegen kommen, wie unter II, Abb. 25, angedeutet. Tatsächlich wird die überlappte Stelle in der gezeichneten Art gebogen, sobald die Elastizitätsgrenze überschritten ist. Jedes über die Ueberlappung hinausreichende Stabende unterliegt dem Einfluß des Kräftepaars und das Moment ist am größten, d. h. $= Ps$, gerade bei den Schweißnähten (M u. N). Dort werden die Stabenden abgebogen, was die Probestäbe bewiesen haben; die rechtwinklige Kehle bei M und N öffnet sich. Somit wird auch das Schweißmaterial deformiert. Je größer die Blechstärke s, desto größer das Biegungsmoment. Je geringer die Kehl-Entfernung b, desto größer der Biegungswinkel α und desto gefährlicher die Wirkung der Biegung. Daher ist die überlappte Schweißung nur für geringe Blechdicken anwendbar (schätzungsweise bis $s = 10$ mm, oder höchstens $s = 12$ mm). Ferner darf die Breite der Ueberlappung nicht zu klein gewählt werden. Wir schlagen vor $b = 8\,s$ bis $10\,s$; $10\,s$ für dünne Bleche.

Handelt es sich um die überlappt geschweißte Längsnaht eines Mantels, so tritt ein Biegungsmoment in die Erscheinung wie beim Stab; aber wir haben es nicht mehr mit einem eigentlichen Kräftepaar zu tun und gerade gerichteten Kräften mit dem Bestreben, sich in eine gemeinsame Achse einzustellen, die durch den Schwerpunkt der Schweißverbindung geht, sondern mit solchen, die sich verhalten wie Seile, welche sich um eine Rolle schmiegen. Folgende Kräfte sind an der Arbeit:

Der Teil n der Zylinderwand, Skizze III, Abb. 25, ist außerhalb der Naht N tangential beansprucht $\sigma_n = Dp : 2\,s$; auf 1 cm Nahtlänge wirkt die Kraft $P_n = \sigma_n\,s = Dp : 2$. Der Teil m der Wand außerhalb der Naht M ist beansprucht $\sigma_m = (D + s)\,p : 2\,s$;

auf 1 cm Nahtlänge wirkt $P_m = (D + s)p : 2$. Auf die Naht N wirkt außerdem der Innendruck p, so daß auf 1 cm Länge $P_d = sp$.

Daraus geht hervor, daß im Schnitt bei M andere Kräfte wirken als bei N; somit sind auch die Nähte ungleich beansprucht. Wir haben die Beanspruchung der überlappten Schweißnaht von Probebehälter XII durch Messung ermittelt und verweisen auf Abb. 60. Wie eine solche Schweißnaht durch Innendruck deformiert wird, geht aus Abb. 49 hervor.

Bei überlappt geschweißten Rundnähten treten Biegungsspannungen in geringerm Maß auf, weil sie nicht aufgebogen werden wie Nähte an Stäben oder Längsnähte.

Folgerung. Die überlappte Schweißverbindung ist fester als das Blech im Vollen, gute Ausführung und dünne Bleche vorausgesetzt.

Das Schweißmaterial muß die Hohlkehle ganz ausfüllen; das Nahtprofil sollte stärker sein als durch eine Gerade mit Böschungswinkel von 45° begrenzt.

Ueberlappte Nähte von Stäben und Längsnähte von Zylindern sind nicht nur auf Zug und Schub, sondern auch auf Biegung beansprucht; auch das Blech erleidet Biegung unter den Schweißstellen. Infolgedessen dürfen für zylindrische Gefäße, die auf Innendruck beansprucht sind und deren Nähte überlappt geschweißt werden sollen, nur Bleche von beschränkter Dicke verwendet werden.

An einem Stab trägt jede Naht die Hälfte der Last; das gleiche gilt jedenfalls für Rundnähte an Zylindern. Bei Längsnähten an Zylindern sind die Nähte ungleich beansprucht.

14. Einseitig überlaschte Probestäbe.

Zur Verstärkung von Fugennähten werden hie und da Laschen einseitig aufgeschweißt, so daß sie zu den Fugen parallel laufen; Querschnitt in Abb. 26. Unter den 3 Nähten befinden sich 2 Stirnnähte und 1 Fugennaht, letztere

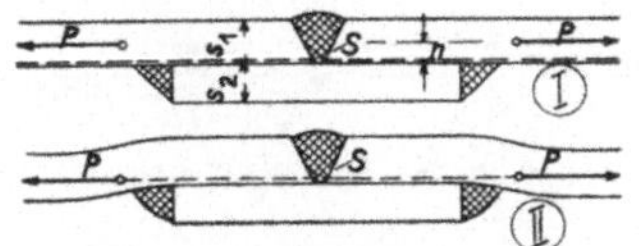

Abb. 26. Einseitig aufgeschweißte Lasche. Unten: Verbindung in deformiertem Zustand.

weit geöffnet; denn es ist unerläßlich, die Lasche auch in ihrer Mitte mit der Fuge zu verschweißen, des bessern Verbandes halber.

Einseitig überlaschte Probestäbe sind beim Zerreißen auf exzentrischen Zug beansprucht. In der geschweißten Verbindung treten sowohl Zug- als Biegungsspannungen auf, die gemäß den Gesetzen der Statik zu berechnen sind. Die Kräfte P, die über den Querschnitt an den Stabenden gleichmäßig verteilt sind, suchen sich bei der Deformation auch über den durch die Lasche verstärkten Querschnitt gleichmäßig zu verteilen; dabei wird der Stab in seiner Längsachse durchgebogen, bis der Schwerpunkt der verstärkten Stelle in die Mittellinie der unverstärkten Stabenden rückt, was Abb. 26, II andeutet und was die Probestäbe bewiesen haben. Ursprünglicher Abstand beider Mittellinien

$$n = (s_1 + s_2) : 2 - s_1 : 2 = s_2 : 2$$

d. h. gleich halbe Laschendicke.

Die Frage muß noch abgeklärt werden, z. B. durch das Experiment, an welcher Stelle der Verbindung das größte Biegungsmoment auftritt; vermutlich ist sie bei den Stirnnähten an den Laschenenden bezw. an den darüber oder darunter liegenden Stabteilen zu suchen. Dafür spricht die Tatsache, daß einigemale die Stirnnähte beim Zerreißen der geschweißten Verbindung zuerst brachen; auch die Bruchstelle an Probebehälter IX, Abb. 50, deutet darauf hin.

Zur Ermittlung der Bruchbelastung einseitig überlaschter Stäbe nahmen wir Versuche vor, unter Beschränkung auf wenige Muster.

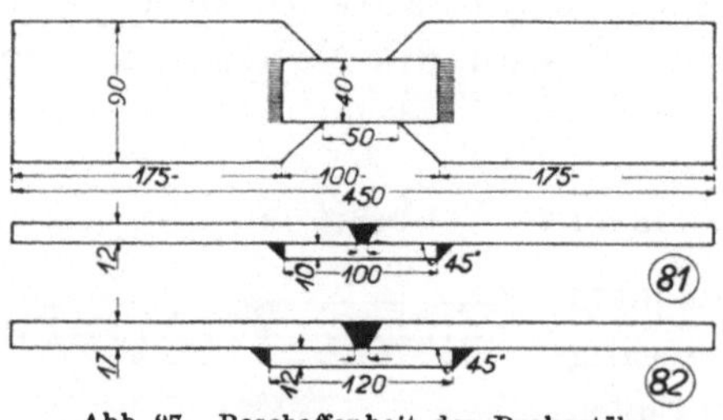

Abb. 27. Beschaffenheit der Probestäbe.

M. 81 Stabdicke 1,2 cm, Laschendicke 1,0 cm.
M. 82 Stabdicke 1,7 cm, Laschendicke 1,2 cm.

Die Stäbe waren eingekehlt, um den Bruch in der Mitte herbeizuführen, Abb. 27. Breite ca 4,0 cm. Die Verdickungen der Fugennähte wurden abgehobelt. Zahl der Probestäbe 4, QA-Elektroden.

Zahlentafel XVIII. Bruchfestigkeit einseitig überlaschter Stäbe.

Zeichen	Stabdicke	Laschendicke	Querschnitt Mitte	Bruchbelastung	Mittelwert	Beanspruchung
	cm	cm	F, cm²	Q, t	Q, t	Q : F, t/cm²
M. 81.	1,23	1,00	8,87	33,7		
M. 81..	1,23	1,06	9,02	33,9	33,8	3,78
M. 82.	1,70	1,24	11,64	38,65		
M. 82..	1,70	1,24	11,58	35,90	37,3	3,21

Weder die Stirnnähte für sich noch die Fugennaht für sich hätten die Last Q getragen; beiderlei Nähte waren am Widerstand beteiligt nach Maßgabe ihrer Festigkeit (für Fugennähte siehe Kap. 5, für Stirnnähte Kap. 15). Die spezifische Bruchbelastung war beim dickern Muster 82 geringer als beim dünnern 81; die Abnahme ist auf Biegung zurückzuführen. Die Probestäbe wurden beim Zerreißen denn auch durchgebogen. Wir begnügen uns, in Zahlentafel XVIII die Bruchbelastung pro cm² des Stabquerschnittes (Q : F) anzugeben, Zug- und Biegungsbeanspruchungen sind gleichzeitig daran beteiligt, jedoch in noch unbekanntem Verhältnis.

Ein absolut zutreffendes Bild über die Festigkeit gibt auch die Ziffer Q : F der Tafel nicht. Wahrscheinlich sind die Bruchbelastungen Q bei diesen Probestäben etwas höher ausgefallen, als was am Blech erreicht worden wäre. Infolge der Auskehlungen an der überlaschten Stelle des Probestabes wurde nämlich ein Teil der Biegungsspannungen von den breiten Stabenden (Breite 9,0 cm) übernommen, so daß die Biegung in den Stabnähten selber um soviel weniger wirkte.

Nehmen wir an, die Last Q (gemäß Tabelle = 33,8 t bezw. 37,3 t) hätte durch einen Blechstreifen von der Breite der überlaschten Stelle (rund 4,0 cm) aufgenommen werden müssen, so wäre der Streifen beansprucht gewesen $\sigma_z = \frac{33,8}{4 \cdot 1,2} = 7,04$ t/cm² bezw. $\frac{37,3}{4 \cdot 1,7} = 5,48$ t/cm². Die Zerreißfestigkeit für gewöhnliches Blech liegt jedoch bei 3,6 t/cm², also war die Festigkeit der Verbindung M. 81 $7,04 : 3,6 \lesseqgtr 1,9$ mal, von M. 82 $5,48 : 3,6 \lesseqgtr 1,5$ mal größer als diejenige des vollen Bleches. Wie oben bemerkt, war die Bruchlast Q bei den Stäben wahrscheinlich etwas größer, als am Blech erreichbar wäre; daher wären diese Koeffizienten noch etwas zu vermindern.

Folgerung. Die Verbindung von zusammengeschweißten Blechen mit einseitig aufgeschweißten Parallellaschen ist, sofern letztere guten Verband mit dem Blech bezw. der Fuge besitzen, fester als das volle Blech. Gute Ausführung wird vorausgesetzt. Nähte und Blech unterliegen Zugs- und Biegungsbeanspruchungen.

15. Probestäbe mit angeschweißten Doppellaschen.

Bei genieteten Blechverbindungen sind Laschen ein sehr gebräuchliches Verstärkungsmittel. Ja man verlangt sogar genietete Sicherheitslaschen bei unzuverlässig scheinenden Schweißnähten, was jedoch weder zu einer richtigen Niet- noch Schweißverbindung führt. Die elektrische Schweißung ermöglicht es, mit Leichtigkeit Laschen an Bleche anzuschweißen (wozu sich die autogene Schweissung nicht eignet). Die Frage geht dahin, ob solche Laschen genügendes Haftvermögen besitzen, um als zu-

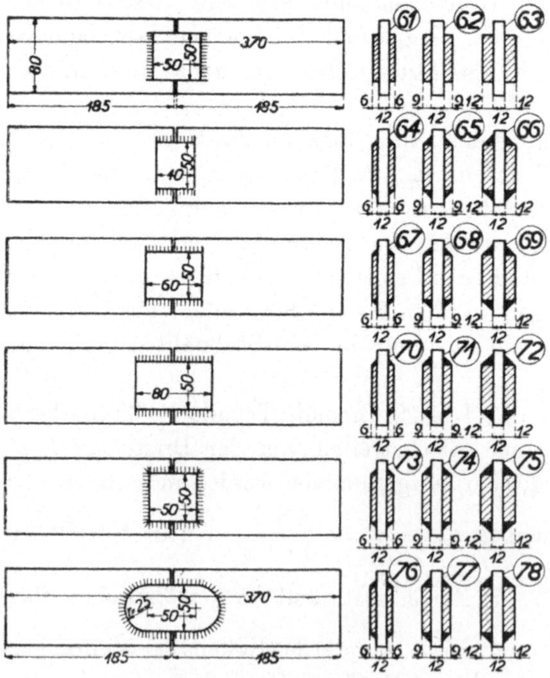

Abb. 28. Probestäbe mit angeschweißten Doppellaschen.

verlässiges Verstärkungsmittel zu dienen. Wir haben gesucht, die Frage zu lösen durch Versuche mit Probestäben mit angeschweißten Doppellaschen (Serien M. 61 bis 78 und M. 161 bis 178); über Formen und Maße gibt Abb. 28 Aufschluß. M. 61 bis 78 sind schwächer (Stab 12 mm), M. 161 bis 178 stärker (Stab 17 mm).

Als Lasche kann ganz allgemein ein rechteckiges oder abgerundetes Stück Blech dienen. Es kann an seinen 2 Stirnflächen angeschweißt werden (M. 61 bis 63), dann handelt es sich um Stirnschweißung; oder an den Flanken, dann ist es Flankenschweißung (M. 64 bis 72).

Eine Stirnnaht ist auf Zug und Schub beansprucht, jedoch im Unterschied zur überlappten Verbindung nicht auf Biegung. Wir bezeichnen die Abreißfestigkeit (= Abreißkraft pro 1 cm^2 Stirnfläche) mit δ. Wie früher machen wir δ von der Größe der Stirnflächen abhängig, nicht etwa von der Bruchfläche, die nicht der Stirnfläche folgt. Wenn F die Größe einer Stirnfläche ist (von vieren), so wird, weil auf einer Stabseite 2 Stirnflächen der Last entgegenwirken, für M. 61 bis 63 bezw. 161 bis 163

$$\delta = Q : 2\,F$$

Das Schweißmaterial der Flanken ist lediglich auf Schub beansprucht. Die Schubfestigkeit (= Bruchbelastung für Schub pro 1 cm^2 Flankenfläche)

$$\gamma = Q : 2\,F'$$

Von der Gesamtfläche aller Flanken 4 F' liegt je die Hälfte auf einer Stabhälfte und hat die ganze Last aufzunehmen bei M. 64 bis 72 bezw. 164 bis 172. Die Serien M. 73 bis 78 und M. 173

Tafel XIX. Zur Doppellaschen-Schweißung.

Zeichen	№	Art der Elektroden	Stabdicke	Laschendicke	Nahtprofil
			cm	cm	
E	61— 78	Quasi-Arc	1,2	0,6—0,9—1,2	45° Abb. 21
G	61— 78	Umwick. Elektr.	1,2	0,6—0,9—1,2	45° Abb. 21
H	61— 78	Quasi-Arc	1,2	0,6—0,9—1,2	45° Abb. 21
U	61— 78	Quasi-Arc	1,2	0,6—0,9—1,2	konkav Abb. 22
W	61— 78	Quasi-Arc	1,2	0,6—0,9—1,2	konvex Abb. 23
J	161—178	Quasi-Arc	1,7	0,9—1,2—1,5	45° Abb. 21

bis 178 sind ringsum geschweißt; hier wirken Stirnnähte und Flankennähte gleichzeitig.

δ und γ sollen ihrer Größe nach bestimmt werden. Insgesamt wurden 108 Stäbe geprüft.

In künftigen Zahlentafeln sind die Serien *E G H* durch Mittelwerte aus allen dreien vertreten.

Es sei hervorgehoben, daß die Stabhälften mit den aufgeschweißten Laschen selber nicht in den Fugen zusammengeschweißt waren, zum Zweck, den Bruch bei den Laschen herbeizuführen. Wie die Tafel andeutet, sollte auch untersucht werden, welches Nahtprofil das zweckmäßigste sei.

a. Stirnschweißung.

Die in Zahlentafel XX angegebenen Zahlen für die Abreißfestigkeit stimmen ungefähr mit denjenigen von Tafel XVII überein, obwohl die letztgenannten sich auf überlappt geschweißte Stäbe beziehen.

Für das W-Profil (konvex, Abb. 23) war δ stets größer als für das U-Profil (konkav, Abb. 22); diese beiden Serien sind vom gleichen Schweißer und sehr sorgfältig geschweißt worden; letzteres geht daraus hervor, daß das schwache U-Profil oft stärker war als das 45° Profil (Abb. 21) der Serien *E H G.* Es hat sich für

Zahlentafel XX. Abreißfestigkeit δ der Stirnschweißung
für Laschen von 0,6—1,5 cm Stärke.

Serie	Profil gemäß Abb.	Lasche 0,6 cm Muster 61			Lasche 0,9 cm Muster 62/161			Lasche 1,2 cm Muster 63/162			Lasche 1,5 cm Muster 163		
		2 F cm²	Q t	δ t/cm²	2 F cm²	Q t	δ t/cm²	2 F cm²	Q t	δ t/cm²	2 F cm²	Q t	δ t/cm²
E H G	21	6,23	16,28	2,61	9,29	20,2	2,17	10,95	21,9	2,00			
J	21				9,82	30,3	3.09	10,80	35,5	3,29	12,76	32,9	2,58
U	22	6,5	17,9	2,75	9,2	23,0	2,50	12,2	26,9	2.21			
W	23	6,7	22,1	3,30	9,4	26,25	2,79	11,7	29,8	2,55			
Max.				3,30			3,09			3,29			
Min.				2,32			2,10			1,73			

die Stirnschweißung bei den überlappt wie bei den überlascht geschweißten Stäben ergeben, daß ein Profil angewandt werden muß, das stärker ist als durch eine Gerade mit Böschungswinkel 45° begrenzt, etwa ein solches gemäß Abb. 24.

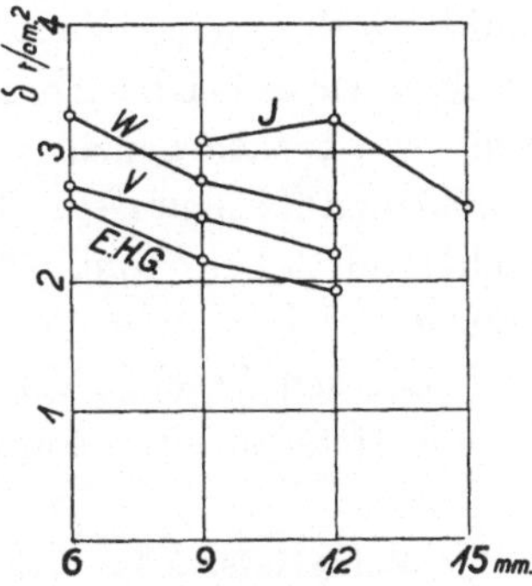

Abb. 29. Abreißfestigkeit δ der Stirnschweißung in Anhängigkeit der Laschendicke.

Die Werte der Zahlentafel XX sind graphisch dargestellt in Abb. 29. Es folgt daraus, daß die spezifische Abreißkraft δ mit zunehmender Laschenstärke abnimmt.

Bei 0,6 cm ist . . . . $\delta = 2{,}3$ bis $3{,}3$ t/cm²
» 0,9 cm » . . . . $\delta = 2{,}1$ » $3{,}1$ t/cm²
» 1,2 cm » . . . . $\delta = 1{,}7$ » $3{,}3$ t/cm²
» 1,5 cm » (unterer Wert extrapoliert) $\delta \simeq 1{,}4$ » $2{,}6$ t/cm²

Für technische Rechnungen sollten die untern Werte berücksichtigt werden.

b. Flankenschweißung.

Erfolgte der Bruch über die Laschen oder über den Stab, so war die Nahtfestigkeit γ nicht mehr feststellbar; sie war dann größer als die Zerreißfestigkeit von Laschen oder Stab. In solchen Fällen wurde die Nahtbeanspruchung ermittelt gemäß $\tau = Q : 2\,F'$; diese Ziffern sind in der Tafel mit $>$ gekennzeichnet, womit angedeutet sein soll, daß die Schubfestigkeit γ der Nähte größer ist. Die Zerreißfestigkeit der Laschen selber oder des Stabes interessiert weiter nicht; sie beträgt 3 bis 4 t/cm², in Ausnahmefällen unter 3 t. (Auch diese Zahlen scheinen mit zunehmender Stabdicke abnehmen zu wollen.)

Die Werte der Zahlentafel XXI sind in Abb. 30 aufgetragen (V der Abb. entspricht U der Zahlentafel). Die Punkte mit Kreis kommen der Schubfestigkeit γ zu; die Punkte, die die Schubbeanspruchung τ kennzeichnen, besitzen außerdem einen Pfeil. Es geht aus Tafel und Bildern hervor, daß die Schubfestigkeit γ der Flankenschweißung mit zunehmender Laschendicke sinkt, auch etwas abnimmt mit zunehmender Flankenlänge, ähnlich wie es bei der Abreißfestigkeit δ der Stirnschweißung der Fall war. γ ist naturgemäß geringer als δ; aus dem Vergleich der verschiedenen Zahlentafeln stellen wir fest, daß γ im Verhältnis zu δ steht: 80 % bei 6 mm, 73 % bei 9 mm, 68 % bei 12 mm Laschenstärke.

Bei den Laschen von 4,0 und von 6,0 cm Länge erfolgte der Bruch stets in den Nähten, bei denjenigen von 8,0 cm teils in

Zahlentafel XXI. Schubfestigkeit γ der Flankenschweißung
für Laschen von 0,6 bis 1,5 cm Stärke und 4,0 bis 8,0 cm Länge.
N Bruch über Nähte, L über Laschen, S über Stab.

	2 F' cm²	Q t	γ t/cm²	Bruch	2 F' cm²	Q t	γ t/cm²	Bruch	2 F' cm²	Q t	γ t/cm²	Bruch	2 F' cm²	Q t	γ t/cm²	Bruch
Laschenlänge 4,0 cm	**Lasche 0,6 cm M. 24**				**Lasche 0,9 cm M. 65/164**				**Lasche 1,2 cm M. 66/165**				**Lasche 1,5 cm M. 166**			
E H G	4,98	10,73	2,15	N	7,42	11,88	1,60	N	9,12	15,03	1,65	N				
J					7,17	15,7	2,19	N	9,20	20,6	2,24	N	11,22	21,9	1,95	N
U	5,3	11,3	2,13	N	7,5	15,05	2,01	N	9,5	17,6	1,85	N				
W	5,1	14,6	2,86	N	7,4]	16,95	2,29	N	9,4	18,9	2,01	N				
Max.			2,86				2,29				2,24					
Min.			1,66				1,59				1,37					
Laschenlänge 6,0 cm	**Lasche 0,6 cm M. 67**				**Lasche 0,9 cm M. 68/167**				**Lasche 1,2 cm M. 69/168**				**Lasche 1,5 cm M. 169**			
E H G	7,49	15,64	2,09	N	11,25	20,92	1,86	N	13,78	20,22	1,47	N				
J					11,86	26,2	2,21	N	13,77	28,6	2,08	N	17,34	30,25	1,74	N
U	7,4	15,7	2,12	N	11,2	20,7	1,85	N	13,8	25,05	1,82	N				
W	7,3	20,6	2,83	N	10,8	23,95	2,21	N	13,8	28,8	2,09	N				
Max.			2,83				2,22				2,09					
Min.			1,66				1,59				1,33					
Laschenlänge 8,0 cm	**Lasche 0,6 cm M. 70**				**Lasche 0,9 cm M. 71/170**				**Lasche 1,2 cm M. 72/171**				**Lasche 1,5 cm M. 172**			
E H G	10,05	20,28	>2,02	2 L	14,99	26,35	>1,76	2 L	18,29	26,5	>1,45	1 L				
J					15,76	32,25	>2,05	L	18,13	34,85	>1,92	N	23,28	39,9	>1,72	N
U	11,7	22,45	>1,92	L	14,7	26,3	1,79	N	19,2	30,8	1,60	N				
W	11,1	24,75	>2,23	L	14,2	30,9	>2,18	L	19,0	35,2	>1,85	S				
Max.			>2,23				>2,18				1,92					
Min.			1,69				1,67				1,33					

den Nähten, teils über die Laschen oder über den Stab. Auch beim Bruch in der Naht waren die Laschen von 6,0 cm Länge in den meisten Fällen selber angerissen. Es darf damit gerechnet werden,

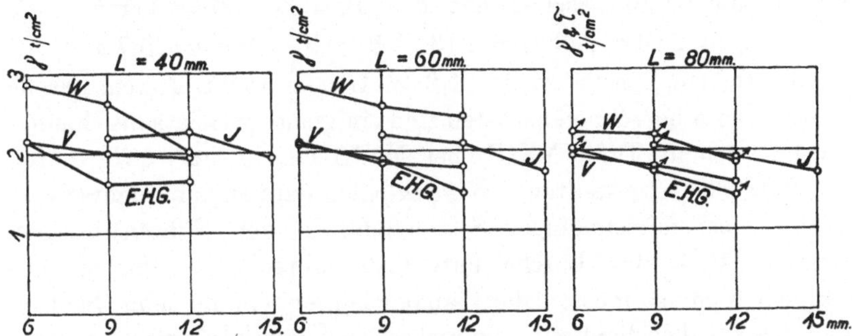

Abb. 30. Schubfestigkeit γ und Schubbeanspruchung τ der Flankenschweißung in Abhängigkeit von Laschendicke und Laschenlänge (für τ gelten die Werte mit Pfeil).

daß bei Laschen, deren Flankennähte etwas über 8,0 cm lang sind, z. B. 10,0 cm, der Bruch stets über die Laschen erfolgt, bei 5 cm Laschenbreite. Bei einer Laschenstärke über 1,2 cm wird man die Laschen jedoch länger wählen.

Zahlentafel XXII. Schubfestigkeit γ t/cm².
Zusamenfassung aus Zahlentafel XXI.

s = Laschendicke	L = Laschenlänge		
	L = 4,0 cm	L = 6,0 cm	L = 8,0 cm
0,6 cm	1,66 bis 2,86	1,66 bis 2,83	1,69 bis >2,23
0,9 cm	1,59 » 2,29	1,59 » 2,22	1,67 » >2,18
1,2 cm	1,37 » 2,24	1,33 » 2,09	1,33 » 1,92
1,5 cm*	1,2 » 1,95	1,2 » 1,74	1,2 » 1,72

* Untere Werte extrapoliert.

c. Ringsum angeschweißte Doppellaschen.

Probiert wurden quadratische Laschen $l = 5$ cm und längliche mit abgerundeter Stirnseite $l = 10$ cm, Abb. 28 unten.

Der Bruch erfolgte ohne Ausnahme über die Laschen (L) oder bei den dickern Laschen über den Stab (S). Der Widerstand der Stirnschweißung $2F \cdot \delta$ und derjenige der Flankenschweißung $2F' \gamma$ summieren sich hier. Bei quadratischen Laschen ist

$2F = 2F'$. Rechnen wir die Last $Q = 2(F\delta + F'\gamma)$, bei welcher die quadratischen Laschen in den Schweißnähten brechen, unter Berücksichtigung der kleinsten Ziffern für δ und γ, so erhalten wir für die 6 mm Laschen mit $F = F' = 5 \cdot 0{,}6 = 3\ \text{cm}^2$

$$Q = 2(3\,\delta + 3\,\gamma) = 2(3 \cdot 2{,}3 + 3 \cdot 1{,}66) = 23{,}7\ \text{t}$$

für die 0,9 cm Lasche 31,2 t, 1,2 cm Lasche 36,2 t, 1,5 cm Lasche 39,0 t. Diese berechneten Lasten sind einigemal gleich, sonst kleiner als die gemäß Tafel XXIII bei M. 73 bis 75 und 175, durch den Versuch festgestellten. Wir schließen daraus, daß quadratische Laschen bei mittelmäßiger Schweißung in den Nähten brechen können. Soll eine Lasche mitten durchbrechen, bevor sie abgerissen wird, so müssen die Flanken länger sein als beim Quadrat. Für 5,0 cm Laschenbreite betrachten wir als geringste Laschenlänge 8,0 cm bis zu einer Laschenstärke von 1,2 cm und würden größere Länge verlangen bei dickern Laschen. Es ist zweckmäßig, die Laschen an den Enden abzurunden (M. 76).

Weil wie gesagt, die Laschen beim Versuch nie in der Naht brachen, läßt sich aus Zahlentafel XXIII nicht die **Bruchfestigkeit** γ, sondern die **Beanspruchung** τ erkennen. Daß höhere

Zahlentafel XXIII.
Beanspruchung der Schweißnähte ringsum geschweißter Laschen.
L Bruch über Laschen, S über Stab.

	2F +2F' cm²	Q t	δ u. τ t/cm²	Bruch	2F +2F' cm²	Q t	δ u. τ t/cm²	Bruch	2F +2F' cm²	Q t	δ u. τ t/cm²	Bruch	2F +2F' cm²	Q t	δ u. τ t/cm²	Bruch
	Lasche 0,6 cm M. 73				Lasche 0,9 cm M. 74/173				Lasche 1,2 cm M. 75/174				Lasche 1,5 cm M. 175			
EHG	13,3	23,78	>1,79	3 L	19,65	31,83	>1,62	2L 1S	23,83	33,6	>1,41	1L 2S				
J					20,8	40,45	>1,94	L	25,0	44,9	>1,80	L	30,2	48,6	>1,61	L
U	14,6	29,05	>1,99	L	18,7	31,55	>1,69	L	25,0	34,65	>1,38	S				
W	13,5	26,0	>1,93	L	19,5	33,55	>1,71	S	23,9	36,3	>1,52	S				
	Lasche 0,6 cm M. 76				Lasche 0,9 cm M. 77/176				Lasche 1,2 cm M. 78/177				Lasche 1,5 cm M. 178			
EHG	16,9	23,42	>1,39	3 L	2 5,2	33,46	>1,33	3 L	30,18	34,57	>1,15	3 S				
J					25,0	39,95	>1,60	L	31,6	46,9	>1,48	L	37,9	47,8	>1,27	S
U	17,9	26,1	>1,46	L	25,2	34,9	>1,39	L	31,6	31,9	>1,01	S				
W	17,9	27,7	>1,55	L	25,0	30,55	>1,22	S	32,6	34,9	>1,07	S				

Beanspruchung möglich war, ist angedeutet durch das Zeichen >. Die Beanspruchung bei den quadratischen Laschen erreichte mit 1,99 bis 1,38 t/cm² (Tafel XXIII oben) nahezu die Bruchfestigkeit, sie bleibt mit 1,60 bis 1,01 t/cm² unter der letztern bei den länglichen Laschen (Tafel unten), so daß bei länglichen Laschen ($L:B = 2:1$) die Sicherheit gegen Abreißen ca 130 % derjenigen gegen Bruch über die Laschen selbst beträgt.

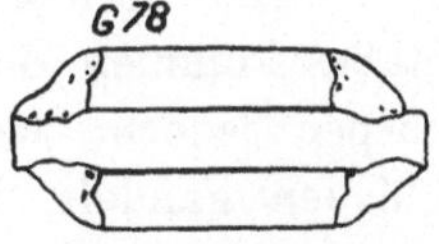

Abb. 31. Aetzbild quer durch Doppellaschen und Stab.

Das Aetzbild Abb. 31 beweist, daß das Schweißmaterial ziemlich tief in das Blech, worauf die Lasche geschweißt ist, eindringt.

Folgerung. Elektrisch angeschweißte Laschen haften so fest am Blech, daß sie entzwei brechen, bevor sie abgerissen werden, sofern die Flanken länger sind als die Stirnflächen breit. Für kleinere Laschen kann ein Verhältnis von Länge zu Breite wie 2 : 1 angesetzt werden.

Das Haftvermögen einer Lasche setzt sich zusammen aus der Abreißfestigkeit der Stirnnähte und der Schubfestigkeit der Flankennähte. Die Stirnnähte für sich sind nicht so fest, daß eine Lasche entzwei bricht, bevor sie vom Blech abgerissen wird; hiezu ist die Mitwirkung der Flankennähte unentbehrlich.

Die Schubfestigkeit pro cm² der Flankennähte ist geringer als die Abreißfestigkeit pro cm² der Stirnnähte; letztere wiederum geringer als die Zerreißfestigkeit der Lasche.

Die Abreißfestigkeit pro cm² einer Stirnnaht sinkt mit wachsender Laschenstärke; das gleiche ist der Fall bei der Schubfestigkeit der Flankennähte. Die letztere sinkt außerdem etwas mit zunehmender Flankenlänge.

Das aufgeschweißte Metall muß die Hohlkehle einer Naht ganz ausfüllen, das Profil sollte stärker sein als durch eine Gerade mit Böschungswinkel von 45° begrenzt. Dies gilt für Laschen bis 1,5 cm Stärke.

III. Versuche über die Festigkeit elektrisch geschweißter Hohlkörper.

Wie eingangs erwähnt, kann aus dem Festigkeitsverhältnis elektrisch geschweißter Stäbe nicht direkt auf dasjenige von Nähten an Hohlkörpern geschlossen werden, denn beim Schweißen eines Stabes kommen Wärmespannungen nicht zur Geltung; beim Hohlkörper jedoch, wo es sich um das Aneinanderschweißen von Flächen handelt, können solche zurückbleiben. Außerdem treten am Hohlkörper Biegungsspannungen auf, die der geschweißte Zugprobestab bezw. seine Naht nicht kennt. Endlich sind die Spannungsverhältnisse von überlappt geschweißten Nähten oder solchen, die mittels Laschen gesichert werden, andere am Hohlkörper als am Stab. Aus solchen Gründen mußten die Versuche über die Festigkeit elektrisch geschweißter Nähte auf Behälter ausgedehnt werden.

Es ist vorauszuschicken, daß die Nähte aller hiernach besprochenen Probebehälter unter Verwendung von Quasi-Arc-Elektroden hergestellt worden sind, was lediglich vom Entschluß der betreffenden Ersteller abhing.

16. Probebehälter I und II.

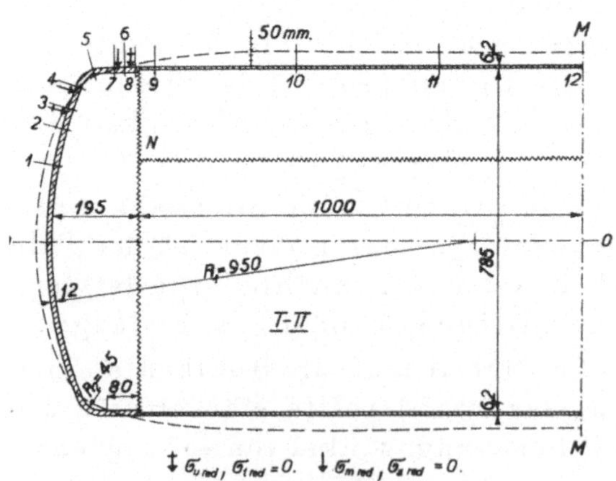

Abb. 32. Probebehälter II.
Ersteller: Wartmann, Vallette & Cie., Brugg.

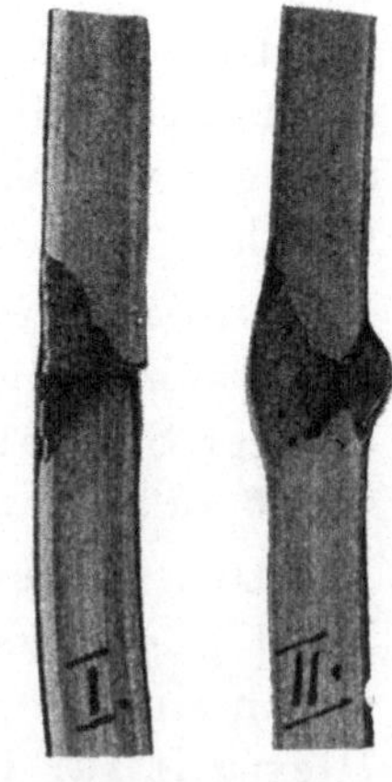

Abb. 33. Längsnähte von I und II im Querschnitt. Maßstab 1/1.

Die Probebehälter I und II (Abb. 32) besaßen gleiche Abmessungen, nämlich:

Zylinder: $s = 0{,}62$ cm, $D_i = 78{,}5$ cm, L (zwischen Rundnähten) $= 200$ cm;

Böden: $s = 1{,}2$ cm, R_1 (Wölbungsradius) $= 95{,}0$ cm, R_2 (Krempenradius) $= 4{,}5$ cm.

a. Probebehälter II. Bodenrundnähte von außen her geschweißt, Längsnaht von außen her geschweißt, von innen her nachgeschweißt, kräftig verdickt, durchwegs auf das 1,5 bis 1,6 fache; II von Abb. 33.

Erreichter Höchstdruck 74 at; eine Rundnaht barst ringsum; der betreffende Boden flog mit Wucht heraus. Bis dahin verhielt sich der Behälter vollständig dicht. Grund des Bruchs: Infolge des Aufweitens der Bodenkrempen haben die Rundnähte erhebliche Biegungsspannungen erlitten. Sie waren im Querschnitt schwächer als die Längsnaht; diejenige, welche barst, war außerdem mit einer Kerbe behaftet.

Manteldeformation. Die bleibende Veränderung des Behälter-Umrisses ist in Abb. 32 — gestrichelte Linie, etwas übertriebener Maßstab — dargestellt. Es fällt auf, daß am Mantel zwei Blähungen entstanden, jede gegen eine Rundnaht hin gelegen, ungefähr an der Stelle, wo die größten Spannungen ermittelt wurden, wie wir später noch sehen werden. Diese Ausweitungen am Mantel sind auf Biegungsspannungen zurückzuführen, die ihren Ursprung in der Krempe nehmen; die letztere öffnete sich. Diese Einwirkung zieht sich ein Stück weit in den Zylinder hinein, jedoch nicht bis zur Mittelebene; man vergleiche das Spannungsbild Abb. 56.

Der äußere Manteldurchmesser des größern Buckels vergrößerte sich bleibend von 79,7 cm bei 0 at auf 85,4 cm bei 74 at (spannungslos gemessen), somit um

$$\Delta d = 5{,}7 \text{ cm}, \quad \frac{\Delta l}{l} \approx 7{,}1\,\% \text{ tangential.}$$

Achsial konnte keine bleibende Dehnung festgestellt werden.

Das volle Blech des größern Buckels war tangential beansprucht

$$\sigma_t \text{ (Ringspannung)} = \frac{a\,p}{s} = \frac{42{,}1 \cdot 74}{0{,}61} \approx 5100 \text{ kg/cm}^2$$

(diese Rechnung ist bloß gemäß dem einachsigen Spannungszustand durchgeführt, also wie bei einem Probestab). 0,61 cm ist die mittlere Stärke der Probestäbe, aus dem gereckten Blech herausgeschnitten; die Festigkeit dieser Stäbe ist in Zahlentafel XXIV angegeben.

Die Naht war tangential beansprucht (diese Rechnung ist nur angenähert richtig wegen unregelmäßiger Nahtstärke, die im Mittel = 1,0 cm ist):

$$\sigma_t \text{ Naht} = \frac{42{,}1 \cdot 74}{1{,}0} = 3110 \text{ kg/cm}^2$$

Zahlentafel XXIV. Festigkeit des Mantelblechs von II.

Zerreißproben Nr. und Art der Probe	Elastizitäts-modul E	Proportio-nalitäts-grenze	Streck-grenze	Zug-festigkeit	Dehnung	Kon-traktion	Qualitäts-koeffi-zient
	kg/cm²	kg/cm²	kg/cm²	β kg/cm²	λ %	φ %	β λ
1. Zugprobe . . .	2 170 000	2080	2700	3870	32,4	66	1,25
2. » . . .	2 140 000	1950	3740	4460	15,4	60	0,69
3. » . . .	2 070 000	2190	4210	4700	10,5	47,5	0,53
4. » . . .	2 172 000	2200	4230	4790	10,4	45	0,50
	Abmessungen cm	Quer-schnitt cm	Kerbzähigkeit kg · m/cm²		Biegungswinkel φ°		
1′ Kerbschlagprobe	0,63 · 0,75	0,47	15,1		28—65		

Probestäbe 1 und 1′, dem Blech vor der Herstellung des Behälters entnommen; 2 stammt vom gereckten Behälter II tangential, 3 und 4 achsial.

Es handelt sich um zähes Blech, im Mittel 6,2 mm dick vor der Wasserdruckprobe. Bei der Kaltreckung durch Wasserdruck nahmen Streckgrenze und Zugfestigkeit zu, Dehnung, Kontraktion und Qualitätskoeffizient ab:

	β kg/cm²	λ %
vor der Bearbeitung	3870	32,4
dem gereckten Behälter entnommen	4460 – 4790	15,4 – 10,4

Demgegenüber erreichte die tangentiale Beanspruchung (Ringspannung) des Bleches, ohne Bruch des Behälters, 5100 kg/cm².

Bei dreidimensionalem Spannungszustand, welchem eine Behälterwand unterliegt, scheint also die Bruchfestigkeit des Blechs höher zu liegen, als beim einseitig beanspruchten Zerreißprobestab.

Das gereckte Blech hat die Elastizität nicht verloren; dagegen war die Streckgrenze naturgemäß erhöht.

	Prop.-Grenze kg/cm²	Streckgrenze kg/cm²
Vor der Bearbeitung	2080	2700
Dem gereckten Behälter entnommen	1950 – 2200	3740 – 4230

Bodendeformation. Die Böden erlitten Durchbiegungen, wie in Abb. 32 gestrichelt angegeben. Jede Bodenmitte wanderte um 3,5 cm nach außen. Der Bodenteil gegen den Scheitel hin erlitt in seiner ganzen Blechstärke ohne Zweifel nur Zugspannungen; die bleibende Dehnung betrug dort ca 1,3 %. Dagegen wurde die Krempe nach innen getrieben unter Erweiterung des Krempenhalbmessers von 4,5 cm auf 7 cm. Die Krempe war offenbar Biegungsspannungen unterworfen, außen Druck, innen Zug für den Meridianschnitt. Außen an der Krempe wurde ca 1 % bleibende Stauchung festgestellt. Die nicht meßbaren Zugspannungen an der Innenseite (Meridian) sind wahrscheinlich größter Ordnung.

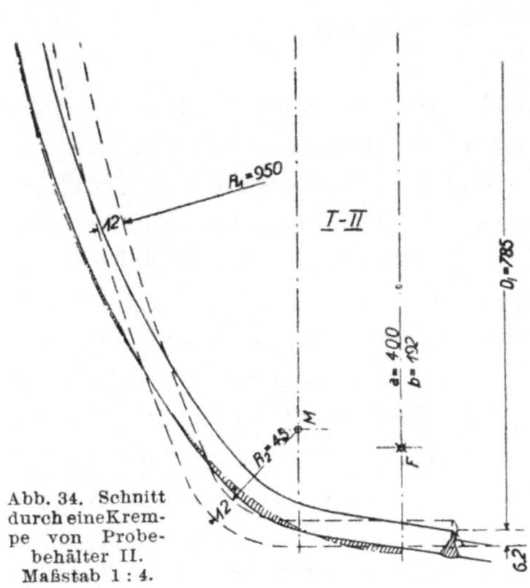

Abb. 34. Schnitt durch eine Krempe von Probebehälter II. Maßstab 1 : 4.

Durch Schablonen wurden die Meridiane aufgenommen; sie sind in Abb. 34 wiedergegeben. Der ursprüngliche Meridian strebt bei der Deformation des Bodens unter Innendruck einer Ellipse zu. Dies beweist Abb. 34. Gestrichelte Linien: Querschnitt durch den Boden vor der Druckprobe. Ausgezogen: Deformierter Querschnitt. Strichpunktiert: Ellipse, die sich außen anschmiegt; ihr Brennpunkt F, Halbmesser

$a = 40{,}0$ cm, $b = 19{,}2$ cm, Verhältnis $a : b$ nahezu $= 2 : 1$. Schraffierte Stelle: Abweichung der Ellipse vom Meridian des deformierten Bodens.

b. Probebehälter I. Er unterschied sich von Probebehälter II nur dadurch, daß die Längsnaht mit Laschen bewehrt war, Abb. 36; runde Blechscheiben, die die Naht überbrücken und wechselweise inwendig und auswendig angeschweißt sind. Weiterer Unterschied: Die Längsnaht war wurzelseitig nicht nachgeschweißt, vielmehr mit einer bedenklichen Kerbe behaftet, wie aus Abb. 33 I hervorgeht. Die Naht war nicht verdickt. Weshalb die Längsnähte von I und II ungleich behandelt wurden, ist nicht bekannt. Erste Druckprobe: Erreichter Druck 65 at. Die Längsnaht barst; Länge des Risses ca $^1/_2$ m; seine Enden wurden durch Laschen aufgehalten.

Tangentiale Spannung im vollen Blech nach üblicher Rechnung

$$\sigma_t \text{ Blech} = \frac{41 \cdot 65}{0{,}62} = 4300 \text{ kg/cm}^2$$

Hier wurden solche Laschen zum erstenmal angewandt. Haben sie überhaupt etwas genützt? Die Bruchfestigkeit der Naht, ohne Laschen, berechnet sich zu

$$\sigma_t \text{ Naht} = \frac{41 \cdot 65}{0{,}5} \approx 5300 \text{ kg/cm}^2$$

Nahtdicke 0,5 cm mit Rücksicht auf die Kerbe. Eine so hohe Beanspruchung hätte die Naht allein nicht ausgehalten.

Zum Vergleich sei der Versuch mit Probebehälter XI erwähnt; ein Hohlzylinder von $s = 0{,}6$ cm, $D_i = 57{,}7$ cm, $L = 200$ cm. Der Querschnitt durch die Naht ist in Abb. 35 dargestellt; sie war zwar außen verdickt, wies aber eine tiefe Kerbe auf. Erreichter Druck 30 at; die Längsnaht brach und klaffte fast auf der ganzen Länge. Erreichte Tangentialspannung im vollen Blech 1440 kg/cm². Ein weiteres Argument dafür, daß die Laschen bei I den Bruch verzögert haben.

Abb. 35. Querschnitt durch die Längsnaht von XI, Naturgröße.

Der Längsnaht von Probebehälter I wurde eine Aetzprobe

entnommen (an der rechteckig umrahmten Stelle erkennbar, Abb. 36); der Behälter wurde nachher ausgeflickt. Zur Sicherung der Böden versah man deren Nähte mit Laschen.

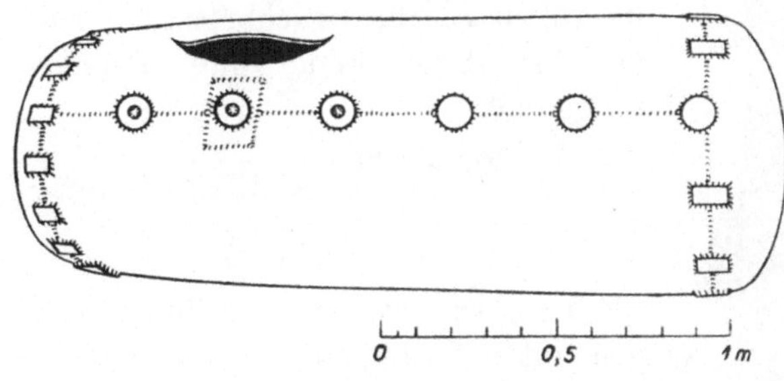

Abb. 36. Probebehälter I: Ersteller: Wartmann, Vallette & Cie., Brugg (nach einer Photograph. gezeichnet). Die Rundnähte sind nur außen durch Laschen gesichert, die Längsnaht innen und außen.

Zweite Druckprobe: Der Behälter barst im vollen Blech bei 71 at, Abb. 36. Tangentiale Bruchlast im vollen Blech nach üblicher Rechnungsweise, bloß den einachsigen Spannungszustand berücksichtigend,

$$\beta_t = \frac{42 \cdot 71}{0{,}62} \approx 4800 \text{ kg/cm}^2$$

Festigkeitsverhältnis der Naht

$$z > \frac{4800}{3600} > 1{,}33 \text{ (> wegen unversehrter Naht).}$$

17. Probebehälter IV.

Abmessungen:

Zylinder $s = 0{,}75 - 0{,}9$ cm,
$D_i = 47{,}5 - 47{,}7$ cm,
L (zwischen Rundnähten) $= 120{,}0$ cm.

Böden $s = 1{,}3$ cm,
$R_1 = 50{,}0$ cm,
$R_2 \approx 3{,}0$ cm.

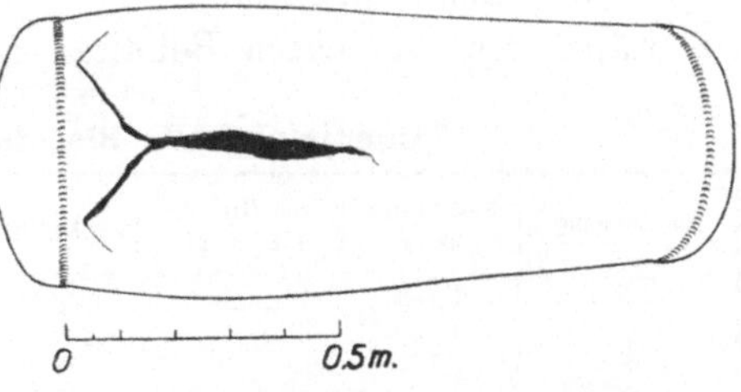

Abb. 37. Probebehälter IV in deformiertem Zustand (nach einer Photographie gezeichnet). Erstellerin: Schweiz. Lokomotiv- und Maschinenfabrik Winterthur.

Die Längsnaht (Abb. 38 links) war beidseitig geschweißt und über alles Maß verdickt; auch die Rundnähte waren sehr stark, sie waren zwar bloß von außen her geschweißt,

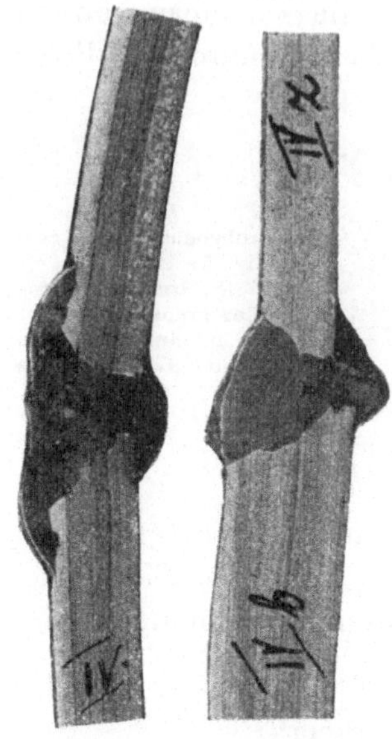

Schnitt durch die Längsnaht. Schnitt durch eine Rundnaht (IV b = Boden, IV z = Mantel).

Abb. 38. Maßstab 1 : 1.

aber man ließ reichlich elektrisch nieder geschmolzenes Eisen durchfließen.

Der Probebehälter barst bei 122 at im vollen Blech. Bruchbelastung nach üblicher Berechnung und Dehnung tangential

$$\beta_t = \frac{26{,}5 \cdot 122}{0{,}75} = 4310 \text{ kg/cm}^2.$$

$$\lambda_t = 10{,}8\ \%.$$

(26,5 cm ist der innere Halbmesser des gedehnten Zylinders.)

Festigkeitsverhältnis $z > \frac{4310}{3600} \geq 1{,}20$

Der Vergleich von β_t (Zylinder) mit β (Stäbe der Tafel) beweißt, daß der Bruch an einer Stelle eintrat, an der die Blechqualität ungenügend war. Es handelte sich um schlecht gewalztes Blech; die Dicke nahm keilförmig zu von 7,5 bis 9 mm. Daher auch die birnförmige Deformation des Behälters (Abb. 37). Das Blech zeigte Spuren von Ueberhitzung (aus Abb. 38 ersichtlich), und zwar liegt die überhitzte Stelle von der Schweißstelle entfernt, kann also nicht vom Schweißen herrühren.

Stäbe, dem gereckten Behälter entnommen, ergaben:

Zahlentafel XXV. Blechfestigkeit von IV.

Bezeichnung	Elastizitätsmodul	Proportionalitätsgrenze	Streckgrenze	Bruchfestigkeit	Dehnung	Kontraktion
	t/cm²	t/cm²	t/cm²	β t/cm²	λ %	φ %
1	—	—	1,83	3,27	31,6	56,5
2	—	—	1,88	3,23	27,7	58
3	2095	1,75	4,17	4,61	7,7	52
4	2098	1,45	3,47	4,17	12,3	57
5	2222	1,54	4,17	4,93	6,2	44

1 und 2 geglüht, 3—5 nicht geglüht.

Die Rundnähte hielten stand, wahrscheinlich wegen der Krempen-Versteifungen. Im Innern der Böden waren nämlich Rippen angeschweißt. Immerhin wiesen Undichtheiten bei der Druckprobe auf den bevorstehenden Bruch hin.

18. Probebehälter V und VI.

Sie waren zur Abwechslung autogen geschweißt.

Abmessungen: Auf den Abb. 39 und 40 ersichtlich, außerdem Boden $s = 1{,}2$ cm, R_1 (Wölbung) $= 100$ cm, R_2 (Krempe) $= 4{,}0$ cm.

Mantel V besaß eine gewöhnliche, in Abb. 41 im Querschnitt dargestellte Längsnaht (Entnahmestelle in Abb. 39 ersichtlich.) Bei Mantel VI war dieselbe außerdem gesichert durch in- und auswendig angeschweißte runde Laschenstücke. Gemäß Abb. 41 zeigt das Gefüge der Längsnaht leichte Ueberhitzung.

Abb. 39 und 40. Probebehälter V und VI, autogen geschweißt von Edward King's Erben, Zürich-Wollishofen.

Abb. 41. Querschnitt durch die Längsnaht von V.

Bei 50 at barst die Längsnaht von V auf halbe Länge auf. Bei 63 at waren die Rundnähte von VI so undicht, daß sie nachgeschweißt werden mußten. Bei 66 at barst sodann bei der zweiten Druckprobe die eine Rundnaht von VI. Die mittels Laschen verstärkte Längsnaht blieb völlig unversehrt.

Die tangentialen Spannungen im vollen Blech und die bleibende Dehnung erreichten (eindimensionale Rechnungsweise) bei

$$\text{Behälter V} \quad \sigma_t = \frac{39{,}7 \cdot 50}{0{,}58} = 3420 \text{ kg/cm}^2. \quad \lambda = 2{,}1\ \%.$$

$$\text{Behälter IV} \quad \sigma_t = \frac{40{,}5 \cdot 66}{0{,}58} = 4610 \text{ kg/cm}^2. \quad \lambda = 5{,}2\ \%.$$

(40,5 cm ist der gedehnte Halbmesser von VI.)

Demnach ergibt sich ein Festigkeitsverhältnis der Naht bei
Behälter V $z = 3{,}42 : 3{,}6 = 95\ \%$
Behälter VI $z > 4{,}61 : 3{,}6 = 128\ \%$ (> weil die Naht nicht barst).

Die Längsnaht von VI ist somit durch die aufgeschweißten Laschen vor vorzeitigem Bruch gesichert worden.

Zwei aus VI herausgeschnittene Zerreißprobestäbe ergaben:

Zahlentafel XXVI. Blechfestigkeit von VI.

Bezeichnung	Elastizitäts-modul	Proportionali-tätsgrenze	Streckgrenze	Bruch-festigkeit	Dehnung $11{,}3\sqrt{F}$	Kontraktion
	t/cm²	t/cm²	t/cm²	β t/cm²	λ %	φ %
1	2072	1,81	4,12	4,68	14	53
2	—	—	2,68	3,67	27	59

1 ist ungeglüht, 2 geglüht.

Abb. 42. Fließfiguren an den Böden von Behälter V.

Die bleibende Deformation des Mantels ist in Abb. 59 gestrichelt dargestellt; im Gegensatz zur Bildung von zwei Blähungen bei Probebehältern I und II (Abb. 32) entstand hier bloß eine solche in der Mitte, was offenbar der geringen Entfernung beider Böden zuzuschreiben ist — die Biegungsspannungen von den Böden her reichten bis zur Mittelebene.

Am Behälter V wurden mit

wachsendem Druck die in Abb. 42 wiedergegebenen Fließfiguren beobachtet: Die auf Biegung bezw. auf Druck beanspruchte Außenseite der Krempe zeigt die bekannten kreuzweis angeordneten, unter ca 90^0 sich schneidenden Linien. Gegen die Bodenmitte zu kommen Linien von konzentrischem Verlauf zum Vorschein. Dehnungsmessungen (siehe folgenden Abschnitt) haben ergeben, daß in dieser Partie des Bodens, außen, erhebliche Zugspannungen tätig sind. Wahrscheinlich sind es die letzteren, die die konzentrischen Fließlinien hervorrufen, währenddem die sich kreuzenden Linien von Biegung bezw. Schub herrühren. (Der obere Kreidestrich läuft der Krempe entlang; die Rundnaht ist sichtbar.)

19. Probebehälter VII.

Der Behälter ist in Abb. 57 dargestellt. Abmessungen: Zylinder: $s = 0{,}8$ bis $0{,}9$ cm; $D_i = 120{,}0$ cm; $L = 400$ cm. Zwei Stöße, Stoßfuge verschweißt und durch eine ringsumlaufende Lasche gesichert.

Böden: $s = 1{,}2$ cm, R_1 (Wölbung) $= 160{,}0$ cm,
R_2 (Krempe) $= 3{,}3$ cm.

Längsnähte: Fuge V-förmig, wurzelseitig nachgeschweißt und verdickt, Abb. 43. Das Bild links gibt den Querschnitt in der Naht auf der linken Mantelhälfte, dasjenige rechts entspricht der Naht zu äußerst rechts, dort wo sie brach.

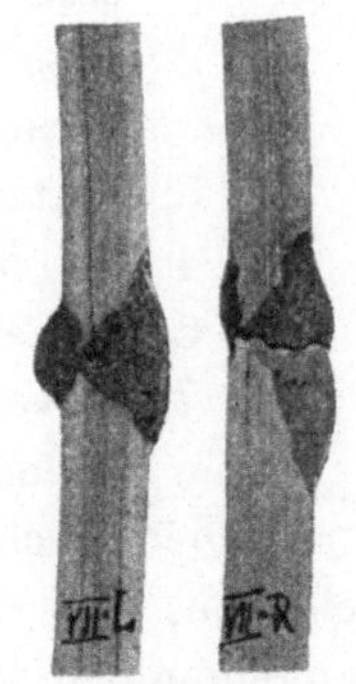

Abb. 43. Querschnitte durch die Längsnähte von VII. Maßstab 2 : 3.

Rundnähte: Diejenige des einen Bodens A (links) war beidseitig geschweißt und verdickt, diejenige beim Boden B (rechts, Abb. 44) konnte mangels an Einsteigöffnungen nur von außen her geschweißt werden; sie war innen mit einer Kerbe behaftet.

1. Druckprobe: 59 at wurden erreicht; eine Stelle wurde undicht (spätere Bruchstelle).

2. Druckprobe: Der Behälter barst bei 51 at an der in Abb. 44 veranschaulichten Stelle; die geborstene Rundnaht ist diejenige

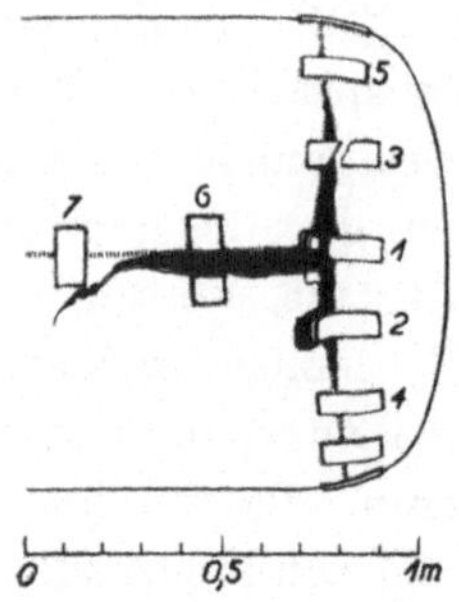

Abb. 44. Bruchstelle von Probebehälter VII (nach einer Photogr. gezeichnet). Ersteller des Behälters: Wartmann, Vallette & Cie., Brugg.

beim Boden *B* (rechts), die nur einseitig geschweißt werden konnte; die Längsnaht war an der geborstenen Stelle beschaffen wie aus Abb. 43 rechts hervorgeht.

Die Laschen (1,2 cm dick, 5 cm breit, 12 cm lang) waren nur einseitig aufgeschweißt, außen. Fatalerweise überbrückten die Bodenlaschen die Rundnaht nicht zur Hälfte, sondern im Längenverhältnis $^1/_4 : {}^3/_4$. Ein weiterer Grund des etwas vorzeitig erfolgten Bruchs: Das Zylinderende war mit Hammerschlägen an den Böden angerichtet worden. Ein solches Verfahren muß, sobald elektrisch geschweißte Nähte in Mitleidenschaft fallen, durchaus ausgeschlossen werden im Hinblick auf ihre Sprödigkeit. Der Bruch ging vermutlich von der Rundnaht aus.

Verhalten der Laschen:

Nr. 1. An der untern Ecke brach die Naht, an der obern brach eine Ecke des Mantelblechs heraus.

Nr. 2. Lasche scherte ein handgroßes Blechstück aus dem Mantel heraus. 1 und 2 wurden beim Bersten aufgebogen.

Nr. 3. Mitten durchgebrochen über der Rundnaht.

Nr. 4 und 5. Unversehrt.

Nr. 6. Mitten durchgebrochen über der Längsnaht.

Nr. 7. Unversehrt, zwang den Riß Richtung ins volle Blech zu zu nehmen.

Die Laschen haben somit die Bruchstelle um 100 % ihres eigenen, d. h. des Laschenquerschnittes verstärkt und es darf wohl angenommen werden, daß ohne ihr Vorhandensein der Bruch früher erfolgt wäre.

Größte tangentiale Beanspruchung im vollen Blech (wie üblich eindimensional gerechnet), sowie tangentiale Dehnung

$$\text{bei 59 at} \quad \sigma_t = \frac{64{,}1 \cdot 59}{0{,}82} = 4610 \text{ kg/cm}^2; \quad \lambda = 5{,}5\ \%.$$

$$\text{bei 51 at} \quad \sigma_t = \frac{64{,}1 \cdot 51}{0{,}82} = 3990 \text{ kg/cm}^2.$$

($a = 64{,}1$ cm entspricht dem gedehnten Mantel).
$\lambda = 5{,}5\,\%$ für den einen,
$= 2{,}9\,\%$ für den andern zylindrischen Schuß.
λ der Rundlasche $= 0{,}34\,\%$.

Festigkeitsverhältnis der Längsnaht zum vollen Blech (für 51 at Aufplatzungsdruck)

$$z = \frac{3990}{3600} = 111\,\%$$

Die bleibende Deformation des Zylinders ist oben in Zahlen angegeben. Auf diejenige der Böden bezieht sich Abb. 45. Bei der verhältnismäßig geringen Dicke von 1,2 cm bauchten sich die Böden ganz beträchtlich aus, jeder Scheitel wanderte um 6,5 bis 7,0 cm nach außen. Die Krempen öffneten sich stark. Auch hier war unzweideutig wahrzunehmen, daß der ursprüngliche Meridian bei der Deformation einer Ellipse zustrebt. Die interpolierte Ellipse besitzt die Verhältnisse

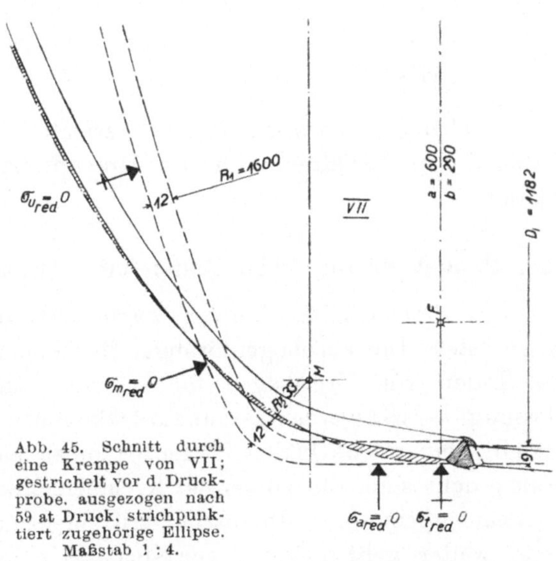

Abb. 45. Schnitt durch eine Krempe von VII; gestrichelt vor d. Druckprobe, ausgezogen nach 59 at Druck, strichpunktiert zugehörige Ellipse. Maßstab 1 : 4.

$$a = 60{,}0 \text{ cm} \qquad b = 29{,}0 \text{ cm} \qquad a : b \sim 2 : 1.$$

Die Abweichung von dieser Ellipse ist in Abb. 43 schraffiert.

Die Außenseite der Krempe wurde, im Meridian betrachtet, bleibend gestaucht um ca 1,5 %. Der Boden dehnte sich gegen den Scheitel zu, am meisten dort selber und zwar um 3—4 %.

Auf die dreieckigen Punkte σ_u, σ_m, σ_a, $\sigma_t = 0$ kommen wir zurück.

Zahlentafel XXVII. Festigkeit des Bleches von VII.

Bezeichnung	Elastizitätsmodul	Proportionalitätsgrenze	Streckgrenze	Bruchfestigkeit	Dehnung	Kontraktion
	t/cm²	t/cm²	t/cm²	β t/cm²	λ %	φ %
1	2104	2,15	3,26	3,93	22,3	67
2	—	—	4,27	4,40	7,2	44
3	—	—	3,82	4,20	13,6	56
	Abmessungen b · c cm	Querschnittfläche b · c cm²	Kerbzähigkeit $\frac{\text{kg} \cdot \text{m}}{\text{b} \cdot \text{c}}$	Biegungswinkel φ^0		
1′	0,91 · 1,52	1,38	16,0	23—28		
1″	0,91 · 1,52	1,38	21,3	27—43		

1, 1′ und 1″ wurden dem unbearbeiteten Blech entnommen, 2 und 3 dem Behälter nach der Druckprobe, 2 achsial, 3 tangential.

20. Probebehälter VIII, Böden mit elliptischem Meridian.

Die Probebehälter hiervor waren mit gewöhnlichen Böden ausgerüstet. Ihr korbbogenförmiger Meridian setzt sich zusammen aus Teilen von Kreisbögen für Wölbung und Krempe. Durch Messung — wir werden darauf zurückkommen — haben wir festgestellt, daß solche Böden in den Krempen außerordentlich stark beansprucht sind. Je kürzer der Krempenhalbmesser, desto höher die Beanspruchung, desto rascher tritt bleibende Deformation ein, desto weiter geht dieselbe vor sich. Wir haben hiervor nachgewiesen, daß die Meridiane solcher Böden dabei Ellipsen zustreben.[1]

In dieser Erkenntnis ließen wir einige Böden mit elliptischem Meridian herstellen, Halbachsen innen gemessen $a = 38{,}8$ cm, $b = 19{,}4$ cm, $a : b = 2 : 1$; Bodendicke: 1,2—1,3 cm an den zylindrischen Enden (bei der Herstellung verminderte sich die Stärke im Scheitel auf (1,05 cm). Solche Böden erhielt Probebehälter VIII.

[1] Schon früher festgestellt durch Diegel, Forschungsarbeit Nr. 2 M. d. V. d. Ing., 1920: Beanspruchung des Materials geschweißter zylindrischer Kessel mit nach außen gewölbten Böden. — Elliptische Böden sind u. W. patentiert.

Die Längsnaht von Probebehälter VIII wurde durch Querlaschen innen und außen bewehrt; ihre Abmessungen $L = 10$ cm, $B = 4$ cm, Dicke 0,7 cm. Ueber die Kreuzungspunkte von Längs- und Bodennähten schweißte man Rundlaschen (Abb. 46).

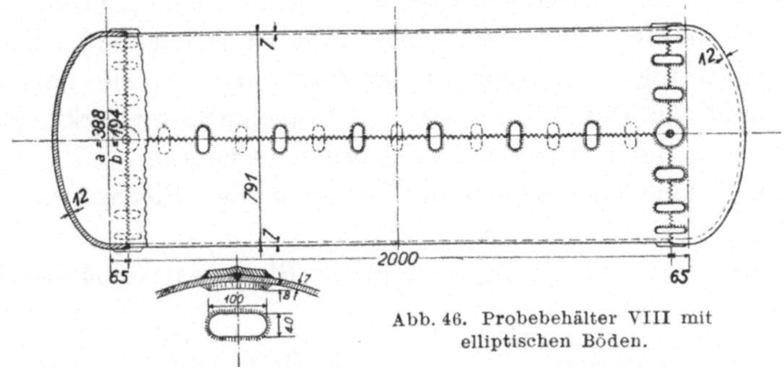

Abb. 46. Probebehälter VIII mit elliptischen Böden.

Ueber die Beschaffenheit der Längsnaht gibt Abb. 47 Auskunft; unten der Querschnitt, oben zwei äußere Ansichten von Bruchflächen. Die Fuge besitzt weder V- noch X-Profil, sondern wird durch zwei parallele Blechkanten gebildet.

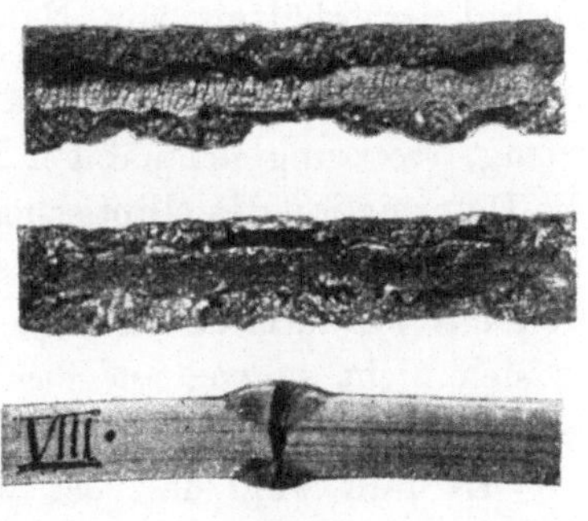

Abb. 47.
Oben: Zwei Ansichten der gebrochenen Längsnaht von VIII.
Unten: Querschnitt durch die Längsnaht.
Alles Maßstab 1 : 1.

Die Naht war bloß zur Hälfte, höchstens zu zwei Dritteln durchgeschweißt. Ein 2 bis 3 mm breites ungeschweißtes Band erstreckte sich im Nahtinnern der ganzen Naht entlang. Im obersten Bild ist der Hobelstrich deutlich sichtbar.

Die Rundnähte waren zunächst nur von außen her geschweißt und wiesen tiefe Kerben auf der Innenseite auf.

1. Druckprobe bis 50 at. Die Bodenrundnähte wurden undicht. Sie wurden mit Querlaschen bewehrt, wie in Abb. 46 angegeben.

2. Druckprobe bis 74 at. Bodenrundnähte wiederum undicht. Ohne die Laschenbewehrung wären die Böden abgetrieben worden. Man schnitt nun aus einem der Böden ein Mannloch aus, um die

Bodenrundnähte innenseitig nachzuschweißen; der Mannlochdeckel wurde nachher zugeschweißt und durch Laschen gesichert.

3. Druckprobe bis 62 at. Die Längsnaht öffnete sich auf der ganzen Länge, die Laschen wurden mitten durch gerissen.

Grund des vorzeitigen Bruchs: Zustand der Längsnaht wie oben beschrieben. Diese schwache Naht ist durch die 13 Laschen gehalten worden. bis auch die letztern brachen; sie haben die Längsnaht mit 100 % ihres eigenen Querschnitts verstärkt. Leider waren auch die Laschen etwas schwach bemessen.

Die bleibende tangentiale Dehnung des Blechs war nach 74 at ca 2 %.

Die tangentiale Beanspruchung im Blech war (eindimensional gerechnet):

$$\sigma_t = \frac{39{,}7 \cdot 63}{0{,}7} = 3570 \text{ kg/cm}^2$$

Festigkeitsverhältnis von Naht zu Blech $z = \frac{3570}{3600} \sim 100\,\%$.

Die sehr widerstandsfähigen Böden deformierten sich sehr wenig, trotz ungleichmäßiger Blechdicke. Es wäre kaum möglich, die Deformation des elliptischen Teils im Bilde sichtbar zu machen; wir verzichten daher auf eine solche Darstellung. Dagegen öffnete sich das zylindrische Ende jedes Bodens ein wenig; doch blähte es sich nicht so viel wie das angrenzende Ende des Mantels und jedenfalls weniger als bei den früher beschriebenen Böden. —

Es fällt auf, daß bei wiederholter Druckprobe der Bruch früher auftritt als bei der erstmaligen. Da elektrisch geschweißte Nähte spröde sind, leiden sie besonders stark beim Ueberschreiten der Elastizitätsgrenze.

21. Probebehälter XII mit überlappter Längsnaht.

Abmessungen: $s = 0{,}6$ cm, $D_i = 58{,}6$ cm, L zwischen Winkelring-Flanschen 200 cm, Zylinderenden mit je einem Winkelring von 11/11/2,0 cm Stärke versehen. Angeschraubte Böden; Abb. 48.

Der eine Winkelring (rechts) war mit dem Zylinder vernietet; doch hielten die Niete nicht lange dicht, so daß der eine (der zylinderseitige) Rand durch Schweißung gedichtet und verstärkt

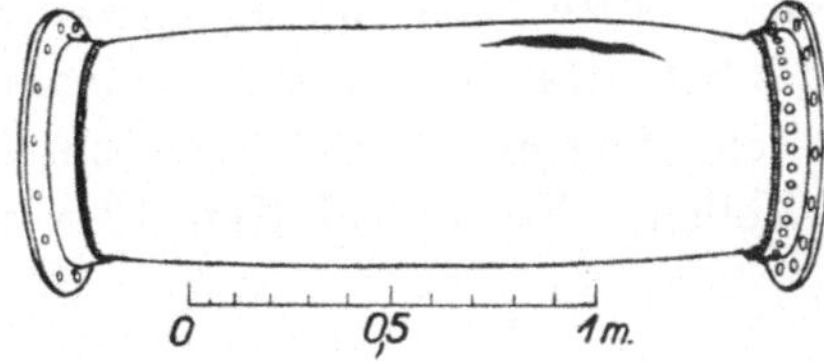

werden mußte. Der andere Winkelring (links in der Abb.) war von Anbeginn angeschweißt und zwar überlappt.

Nach mehreren Vor-Druckproben brach der Behälter bei 67 at Druck im vollen Blech, Abb. 48.

Größte tangentiale Dehnung $\frac{\Delta l}{l} = \frac{213{,}5 - 184{,}5}{184{,}5} = 15{,}7\,\%$.

In achsialer Richtung war eine bleibende Dehnung nicht feststellbar.

Tangentiale Bruchbelastung des vollen Blechs (übliche Rechnungsart)

$$\beta_t = \frac{33{,}5 \cdot 67}{0{,}52} = 4310 \text{ kg/cm}^2$$

(0,52 cm ist die Dicke des gereckten Blechs, ursprünglich 0,6 cm).

Das Festigkeitsverhältnis der Naht war daher $z > \frac{4310}{3600} \gtreqless 120\,\%$.

Zahlentafel XXVIII. Blechfestigkeit von XII.

	Streckgrenze	Bruchfestigkeit	Dehnung	Kontraktion
	t/cm²	β t/cm²	λ %	φ %
1	2,79	3,77	19,9	64
2	2,75	3,79	19,6	54
3	3,82	4,20	6,7	31,5
4	4,43	4,75	8,8	51

Die Stäbe 1 und 2 sind dem Blech vor dem Zusammenbau des Behälters entnommen worden, 3 und 4 in gerecktem Zustand nach seiner Zerstörung, 3 in achsialer, 4 in tangentialer Richtung. Sie sind kalt geradegerichtet worden. Das Blech besaß einen

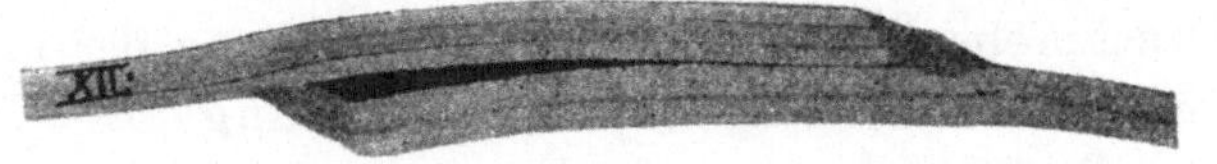

Abb. 49. Aetzbild eines Schnittes durch die Längsnaht; Maßstab 2 : 3.

starken Saigerungsstreifen in der Mitte und brach vorzeitig. Abb. 49 bringt das Aetzbild eines Schnittes quer durch die Nahtverbindung; die Blech-Enden waren nicht gut zusammengerichtet; trotzdem platzte das Blech im Vollen. Es sei auf Kap. 13 verwiesen.

22a. Probebehälter IX.

Er ist in Abb. 50 dargestellt. Eine Firma wünschte, die Rundnähte von Dampfmänteln so zu schweißen, wie rechts angegeben. Wir rieten das Anbringen von Verstärkungslaschen, wie links gezeichnet, an. Der Versuch sollte entscheiden.

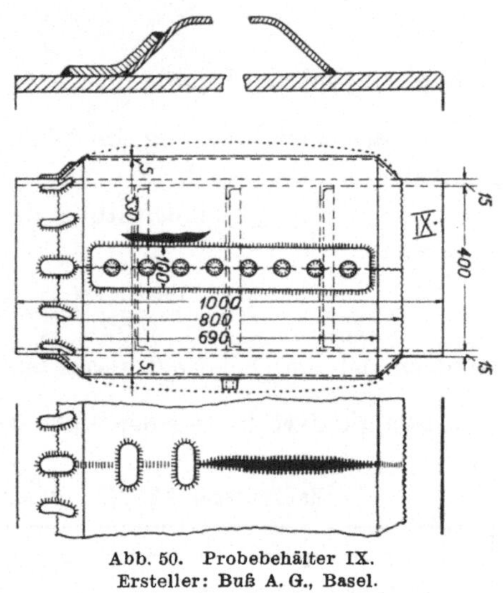

Abb. 50. Probebehälter IX.
Ersteller: Buß A. G., Basel.

Die Längsnaht war nur einseitig geschweißt, außen mäßig verdickt. Auf der linken Hälfte wurden zwei einzelne Querlaschen außen (einseitig) aufgeschweißt, wie in der Abb. 50 unten dargestellt.

1. Druckprobe: 48 at wurden erreicht; die Längsnaht platzte auf der ganzen Länge klaffend auf, die nächste Lasche hielt den Bruch auf.

Tangentiale Spannung im vollen Blech (wie üblich gerechnet)

$$\sigma_t \sim \frac{26{,}5 \cdot 48}{0{,}53} = 2400 \text{ kg/cm}^2.$$

Die Naht wurde wieder zusammengeschweißt und eine Parallellasche auf der ganzen Länge außen (einseitig) angebracht. Diese Lasche besaß einzelne Fenster, deren Ränder man mit Blech und Naht verschweißte, des bessern Verbandes halber.

2. Druckprobe: 102 at. Der Mantel brach an der in der Abbildung bezeichneten Stelle, der Naht entlang. Hier zeigte es sich, daß es Berechtigung hat, die Frage aufzuwerfen, ob das Blech

nicht an der Schweißstelle einer Lasche selber geschwächt werde. Tangentiale Bruchbelastung (berechnet wie üblich) und Dehnung

$$\beta_t = \frac{29{,}5 \cdot 102}{0{,}51} = 5900 \text{ kg/cm}^2. \qquad \lambda = 11\,\%.$$

Bei diesem Behälter erreichte die achsiale Spannung weniger als die Hälfte der tangentialen infolge des Ankers in Form eines Rohrs im Innern.

Festigkeitsverhältnis von Naht : vollem Blech

$$z = 5900 : 3600 = 164\,\%.$$

Zahlentafel XXIX. Festigkeit des Blechs von IX.

Nr.	Streckgrenze	Zugfestigkeit	Kontraktion	Dehnung	Qualitäts-koeffizienten
	t/cm²	β t/cm²	φ %	λ % $11{,}3\sqrt{F}$	$c = \beta\lambda$
1	3,01	4,27	49	24,0	1,02
2	4,48	5,33	31	6,3	0,33
3	4,81	5,32	40	10,4	0,55

1 ist geglüht, 2 und 3 ungeglüht; 2 in achsialer, 3 in tangentialer Richtung dem gereckten Mantel entnommen.

Die bleibende Deformation ist in Abb. 50 punktiert angegeben.

Beide Rundnähte blieben dicht, die verstärkte wie die unverstärkte. Trotzdem ist die Verstärkung durch Laschen in der Praxis zu empfehlen (wie links angegeben). Dafür sprechen auch die an beiden Rundnähten vorgenommenen Dehnungsmessungen; die so ermittelten Spannungen waren geringer bei der überlaschten als bei der nicht überlaschten Rundnaht.

22b. Betrachtung über Blechfestigkeit.

Als Abschluß der Kap. 16—22 sprechen wir noch von der Beanspruchung bezw. Festigkeit der Zylindermäntel bei der Druckprobe und derjenigen der nachher aus ihnen herausgeschnittenen Stäbe.

In Zahlentafel XXX bedeutet β_t die Bruchfestigkeit des vollen Blechs eines Zylindermantels, gerechnet gemäß $\beta_t = a\,p : s$ für den Aufplatzungsdruck p; σ_t die tangentiale Zugspannung solchen Blechs, wenn der Zylindermantel nicht barst (sondern z. B. eine

Naht), berechnet nach gleicher Formel, wobei p die erreichte Innenpressung ist; endlich β die Zerreißfestigkeit der aus den Mänteln herausgeschnittenen Stäbe. Die Zahlentafel besagt, daß die Bruchfestigkeit oder auch nur die Spannung, die der unter Innenpressung stehende Zylindermantel erreichte, größer ist als die Zerreißfestigkeit der aus dem gleichen Blech herausgeschnittenen Stäbe. Dieser Unterschied ist jedenfalls in dem ungleichartigen Spannungszustand, dem Mäntel und Stäbe unterliegen, begründet; am Mantel ist es der dreiachsige, am Stab der einachsige. Es ist jedoch nicht zu vergessen, daß wir am Mantel wegen β_t bezw. $\sigma_t = a\,p : s$ so rechnen, als ob einachsiger Spannungszustand vorläge, was in Wirklichkeit nur für den Stab (benützte Gleichung $\beta = Q : F$) zutrifft.

Zu dieser Feststellung ist man umso eher berechtigt, als alle herausgeschnittenen Stäbe infolge Geraderichtens durch Hämmern und Pressen eine gewisse Erhöhung ihrer Festigkeit erlitten haben, so daß die Tafelwerte β etwas zu groß sind.

Zahlentafel XXX. Blechfestigkeit (t/cm²) am Zylindermantel und an den ihm entnommenen Stäben.

Probebehälter	I	II	IV	VI	VII	XI	XII
β Stab . .	4,46–4,79		4,17–4,93	4,68	4,20–4,40	5,33	4,2–4,75
β_t Behälter .		4,80	4,31			5,90	4,32
σ_t »	5,10			4,61	4,61		

23. Die Eignung der elektrischen Schweißung im Kessel- und Behälterbau.

Nachdem wir die Festigkeits-Eigenschaften elektrisch geschweißter Nähte an Stäben und Hohlkörpern kennen gelernt haben, möge über die grundsätzliche Eignung der elektrischen Schweißung im Kessel- und Behälterbau gesprochen werden, im Rahmen der nunmehr erworbenen Erkenntnis.

Die Festigkeit und Dichtheit solcher Nähte war teilweise hervorragend, als Zeuge sei Probebehälter II angerufen. Anderseits mahnt die Sprödigkeit elektrischen Schweißgutes zur Vorsicht. Ein Bedenken kommt hinzu: Die Abhängigkeit davon, wie der Schweißer die Arbeit verrichtet. Geschweißte Nähte, das gilt ganz allgemein, sind hinsichtlich ihrer Güte individuell von einander verschieden; das war bis jetzt einer der Gründe, die die Schweißung hinderten, im Kesselbau beliebig Platz zu greifen. Bei der elektrischen Schweißung kann ebenfalls gepfuscht werden. Als Beispiel sei die Naht Abb. 47 erwähnt. Weder Vorarbeiter, Werkführer, Ingenieure, noch der Berichterstatter selber konnten aus ihrem äußern Befund auf den wahren Sachverhalt schließen. Diese Abhängigkeit des Schweißproduktes vom Pflichtbewußtsein, von der Kunst, ja von der Nüchternheit des Schweißers ruft alle Vorsichtsmaßnahmen auf den Plan, die für die Zuverlässigkeit eines geschweißten Hohlkörpers getroffen werden können. Dazu gehört hinsichtlich der Konstruktion die Anwendung von Laschen an erste Stelle. Verschiedene Formen sind anwendbar.

Bevor hierauf näher eingetreten wird, sollen allgemein die Gesichtspunkte durchgangen werden, auf die es bei der elektrischen Schweißung ankommt.

1. **Elektroden.** Große Gefahr droht einem Kessel oder Behälter im Falle, daß seine Nähte mit ungeeigneten Elektroden geschweißt worden sind. Solche Nähte halten oft weniger aus als schlechtes Gußeisen. Versuche mit ganz minderwertigen Elektroden haben wir auch gar nicht gemacht. Dicke Elektroden, solche über 4 mm, geben viel Wärme ab und leisten daher Wärmespannungen Vorschub. Im Druckbehälterbau dürfen zum Schweißen nur Elektroden verwendet werden, die sich als die besten bewähren. Dies sei erster Grundsatz.

2. **Elektrisches Aggregat.** Es ist erwiesen, daß nicht jedes Stromsystem in gleicher Weise taugt. Wer dahin strebt, Behälter richtig zu schweißen, verwendet ein Stromsystem, welches dem Zweck am besten dient. Weder Kosten des Aggregates noch Strompreis sind ausschlaggebend, sobald es sich um das Schweißen von Kesseln und Behältern handelt. Die Kesselüberwachungsvereine haben nach Auffassung des Berichterstatters ein Mitspracherecht in dieser Frage.

3. N u r z u v e r l ä s s i g e n A r b e i t e r n d ü r f e n s o w i c h t i g e

Arbeitsstücke übergeben werden, wie hier in Frage. Eine wöchentliche Kontrolle der Arbeitserzeugnisse durch Festigkeitsversuche sollte stattfinden.

Dies sind die äußern Faktoren, ohne deren Berücksichtigung der Erfolg zum vorneherein ausbleibt.

4. **Nahtprofil.** Die elektrische Schweißung hat vor der autogenen voraus, daß man Nähte mit V-Profil auf der Rückseite nachschweißen kann, ohne schädliche Spannungen befürchten zu müssen; eine X-Fuge kann überhaupt mit Erfolg nur elektrisch geschweißt werden. Alle vorstehend beschriebenen Probebehälter, die besonders hohem Druck widerstanden haben, sind in den Nähten doppelseitig geschweißt worden. Wurde das Nachschweißen unterlassen, so fanden sich bei den V-Fugen in der Wurzel meistens ungeschweißte Furchen; die Kerbenwirkung war da; der Behälter barst vorzeitig. An einem der Probebehälter barst z. B. die einseitig geschweißte Längsnaht bei geringem Druck in ihrer ganzen Länge. Die Boden-Rundnähte aller Probebehälter, die von innen nicht nachgeschweißt werden konnten, brachen, sofern sie nicht durch Laschen bewehrt waren, ebenfalls vorzeitig. Daher Forderung beim Kessel- und Behälterbau: Alle Nähte müssen doppelseitig geschweißt werden.

Ist das Schweißen einer Naht von beiden Seiten her nicht möglich, so ist die Fuge so weit zu öffnen, daß nieder geschmolzenes Eisen hindurchfließen kann. Ein solches Vorgehen erfordert zwar eine gewisse Geschicklichkeit des Schweißers; so aber kann es bis zu einem gewissen Maß gelingen, Kerben zu vermeiden.

Bei ungleicher Blechstärke bei der Fuge ist das dickere Blech auf die Stärke des dünnern zu vermindern.

Es ist wahrscheinlich, daß auch autogen geschweißte Nähte elektrisch nachschweißbar sind.

Beim Schweißen sind die Schlacken sorgfältig wegzuputzen; die Anwendung des X-Profils scheint z. B. deswegen bedenklich, weil in der Mitte gern Schlacken zurückbleiben. Im übrigen ist das X-Profil aus Festigkeitsgründen zweckmäßig; außerdem ist die Profilfläche geometrisch nur halb so groß als diejenige des V-Profils. Fugen mit parallelen Rändern, gebildet durch stumpf zusammengestoßene Blechenden, haben sich nach Ansicht des Verfassers so schlecht bewährt, daß davor gewarnt werden muß — entgegen Katalogangaben.

5. **Verdickung.** Die Nähte sind beidseitig zu verdicken. Ein Behälter brach im vollen Blech lediglich infolge der enorm verdickten Nähte.

6. **Zubereitung.** Vor dem Beginn des Schweißens muß die Zubereitung ganz fertig sein; das Richten mit dem Hammer elektrisch geschweißter Teile ist strenge untersagt. Das elektrisch geschweißte Metall besitzt bekanntlich eine gewisse Sprödigkeit und erträgt daher eine gewaltsame Behandlung nicht (Beispiel: Probebehälter VII). Wo Bleche angerichtet werden müssen, schweiße man autogen. Dort ist Hämmern und Richten ohne weiteres statthaft; es erfolgt bei Rotglut.

7. **Blechtemperatur und Glühen.** Bei welcher Temperatur geschweißt werden darf, ob z. B. Blauwärme noch erlaubt sei, ist heute eine offene Frage. Dagegen scheint es nicht ratsam, wassergefüllte Behälter außen zu schweißen. Flüssiges Eisen, auf kalte (wassergefüllte) Körper aufgebracht, kühlt zu rasch ab, ohne daß seine Zähigkeit leiden würde.

Das Glühen elektrisch geschweißter Nähte scheint nicht nur keine Vergütung zu bringen, sondern im Gegenteil dem Schweißgut zu schaden.

8. **Wärmespannungen.** Sie sind bei der elektrischen Schweißung erstens anderer Art und zweitens weit geringer als bei der autogenen. Bei der letzteren zieht sich die ganze in Rotglut befindliche Umgebung der Naht beim Abkalten zusammen, was wir früher genau geprüft haben.[1] Bei der elektrischen Schweißung kontrahiert sich in der Hauptsache nur das flüssige Metall der Naht, aber die obern Schichten einer V-Naht ziehen sich stärker zusammen als die untern. Bei dünnen Stäben macht sich dies wenig geltend, aber bei dicken, sie werden verkrümmt. Eine ähnliche Wirkung muß bei Nähten von gewölbten Flächen in die Erscheinung treten.

Beim X-Profil ist die zusammenziehende Wirkung bei jeder Profilhälfte für sich weit geringer als beim gleich hohen V-Profil,

[1] Druckschrift: Versuche mit autogen und elektrisch geschweißten Kesselteilen, Jahresbericht 1921, Kapitel 10.

außerdem wirkt die gegenständige Profilhälfte ausgleichend, so daß Stäbe mit X-Nähten eher gerade bleiben — ob mit oder ohne innere Spannungen sei dahingestellt. Werden beide gegenständige Fugen gleichzeitig geschweißt, d. h. eine Schicht oben, die nächste unten usf., so können Spannungen nicht entstehen, hingegen wird diese Methode praktisch nicht immer anwendbar sein.

Werden die Blechenden links und rechts von einer Fuge erst an Querlaschen angeschweißt vor dem Schweißen der Fuge, so wirken die Querlaschen wie Unterzüge, dem Aufbiegen entgegen.

9. **Sprödigkeit.** Elektrisch geschweißte Nähte sind spröder als autogene, was sie in Nachteil versetzt. Dagegen hat die elektrische Schweißung vor der autogenen voraus, daß unter Anwendung mannigfaltiger Formen konstruiert werden kann, ohne Gefahr von Wärmespannungen und Wärmewirkungen z. B. Sichwerfen, Verziehen. Laschen können ohne Schwierigkeit aufgeschweißt und die Nähte dadurch so gesichert werden, daß das Bedenken wegen ihrer Sprödigkeit zurücktritt.

10. **Ueberlappte Schweißverbindungen** haben an Stäben und am zylindrischen Hohlkörper ein Festigkeitsverhältnis von Nahtverbindung : Blech > 1 ergeben. Die Last verteilt sich auf zwei Nähte (gleichmäßig am Stab, ungleichmäßig am Zylindermantel). Dagegen sind überlappte Schweißverbindungen auf Biegung beansprucht, nicht nur in den Nähten, sondern auch im Blech (Abb. 25). Dicke Bleche sollen nicht überlappt geschweißt werden, weil das Biegungsmoment mit der Blechstärke wächst. Mit überlappten Schweißverbindungen für Kessel mag man vorläufig zurückhalten. Gegen ihre Anwendung spricht u. a. folgendes: Das Anrichten der überlappten Enden aneinander ist schwierig, sollen dieselben satt aneinander liegen. Ein zylindrischer Schuß mit überlappter Längsnaht kann nur schwer an einen kreisrunden Zylinder, sei es Bodenring, Boden usw. angefügt werden. Man hat verschiedene Mittel: Ausziehen und Zuschärfen der Blechecken, Anschweißen derartig zugeschärfter Enden, Verschweißen der Ueberlappung unter dem Hammer zur kreisrunden Form. Weder das eine noch das andere Verfahren will einleuchten, sobald es sich um Druckbehälter handelt.

11. **Einseitig angeschweißte Laschen.** Es gibt zwei Arten:

a. Eine einzige Lasche (Parallellasche) liegt unter der Naht, die Ränder der Lasche laufen der Naht parallel (Abb. 26). In diesem Fall kommt ein tüchtiger Verband zwischen Lasche und Blech nur dann zustand, wenn beim Schweißen der Fuge auch gleichzeitig die darunterliegende Lasche angeschweißt wird. Die Fuge muß in diesem Fall weit geöffnet werden (Abb. 27), damit der Verband auch zuverlässig wird. Die außen an den parallelen Rändern der Lasche sich hinziehenden Nähte, sowie die Bleche, soweit sie unter diesen Nähten liegen, sind auf Biegung beansprucht, ähnlich wie bei der überlappten Schweißverbindung. Ist es nicht möglich, eine Parallellasche schon von Anfang an mit der Fuge gemeinsam zusammenzuschweißen, soll z. B. nachträglich eine solche über die Fuge geschweißt werden, so sind in der Lasche einzelne Fenster auszusparen und ihre Ränder mit Blech und Naht zu verschweißen, wie in Abb. 50 I und Abb. 51 angegeben[1]; des Verbandes halber, der nicht entbehrt werden kann.

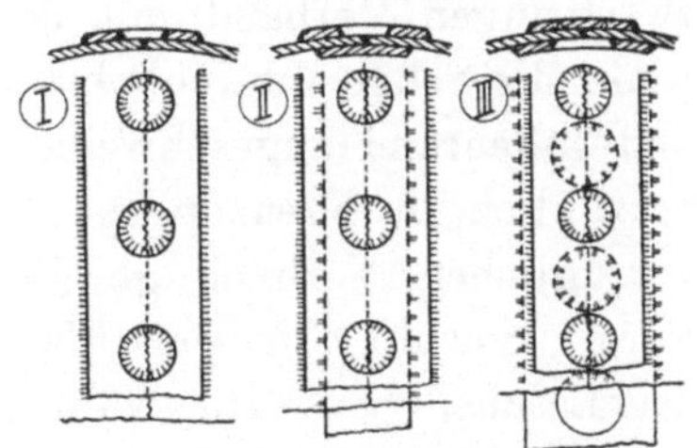

Abb. 51. Parallellaschen-Verbindungen.

Das Festigkeitsverhältnis von Nahtverbindung : Blech ist $>$ 1 bei Parallellaschen, auch bei einseitigen.

b. Einseitige Laschen anderer Art können gebildet werden durch einzelne quergestellte Laschenstücke (I von Abb. 52).[1] Die Bodenrundnähte aller Probebehälter hiervor sind auf diese Art bewehrt worden. Ohne diese Maßnahme wären die betr. Nähte vorzeitig gebrochen, die Böden abgesprengt worden. Eine Sicherheitsmaßnahme bilden derartige einseitige Laschen auf alle Fälle. Hiefür ist der Beweis durch die Versuche oft erbracht worden. Sie sind leicht, d. h. bei beliebiger Form des Hohlkörpers anwendbar.

Einseitig angeschweißte Laschen sollten ziemlich dick sein, gegen die Wirkung der Biegung.

12. **Doppelseitige Laschen.** Von einer richtigen Laschenverbindung muß verlangt werden, daß sie die Naht symmetrisch verstärkt auf der Innen- und Außenseite des Blechs. Nur dann werden

[1] In verschiedenen Industriestaaten patentiert.

Biegungsspannungen am Entstehen verhindert oder werden schon vorhandene ausgeglichen. Es kann nämlich vorkommen, daß ein Zylindermantel in der Nähe der Längsnaht nicht kreisrund ist in ihrem Querschnitt infolge mangelhafter Bearbeitung (man vergleiche Abb. 35). Dann unterliegt die Naht an sich schon Biegungsspannungen; zu ihrer Bekämpfung bilden Querlaschen das gegebene Konstruktionselement.

a. Wechselseitig angeschweißte Laschenstücke (Abb. 52). Wir sind ihnen begegnet bei Probebehältern I, V und VIII. Der erste Versuch wurde mit kreisrunden Laschenstücken gemacht (Probebehälter I und V). Solch volle Scheiben geben im Zentrum zu geringen Verband mit dem Blech; der Verband wird besser, wenn die Scheibe durchbohrt und der entstandene Ring an Außen- und Innenrand angeschweißt wird. Derartige Laschen eignen sich vorzüglich in Kreuzungspunkten zweier Fugen, Abb. 52. Einen vorzüglichen Verband gewähren die Querlaschen von länglicher Form. Sowohl Stirn- als Flankennähte tragen zum Haftvermögen der Laschen bei. Die Nähte müssen voll sein, Abb. 24. Ist das Verhältnis $L:B$ einer Lasche ungefähr $2:1$ bis $3:1$, so ist ihr Haftvermögen größer als die Zerreißfestigkeit; solche Laschen verstärken somit die Fugennaht mit 100 % des Laschenquerschnittes.

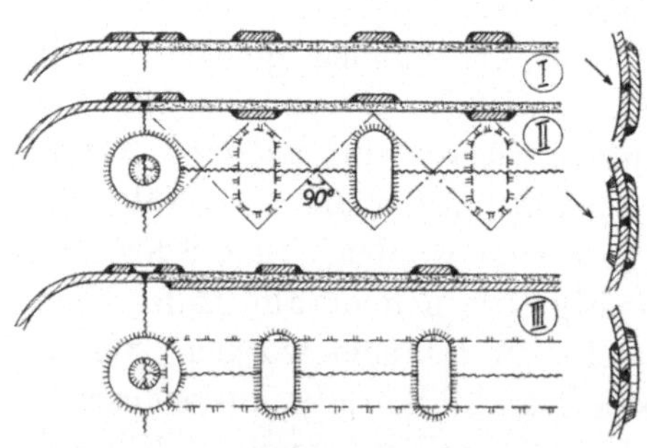

Abb. 52. Querlaschen-Verbindungen.

Wie weit soll eine Lasche von der Nachbarlasche abstehen, um die Verstärkung wirksam genug zu machen? Bei zu großem Abstand wäre das zwischenliegende Nahtstück nicht geschützt, denn eine Lasche vermehrt hauptsächlich den Blechquerschnitt da, wo sie einmal sitzt; dort wird das Blech entlastet, die sonst gleichmäßig über das Blech verteilte Ringspannung eines Mantels nimmt dort örtlich ab. Die Spannungsunterschiede pflanzen sich durch Schubspannungen fort. Schubspannungslinien gleicher Anstrengung schneiden sich unter rechten Winkeln. Der

Verfasser glaubt, daß die gemäß Abb. 52 II durchgeführte Lascheneinteilung die engste sei, die vorgeschrieben werden könne; für einen geringern Grad der Sicherheit können die Laschenabstände vergrößert werden.

Man wird beim Anschweißen der Laschen wie folgt vorgehen:
Anschweißen der innenseitigen Laschen,
Schweißen der Fuge außen, ohne Verdickung,
Anschweißen der außenseitigen Laschen,
Verdicken der Naht zwischen den Laschen außenseitig und innenseitig.

Um erhöhte Blechtemperatur und dadurch Wärmespannungen zu vermeiden, wird man die Laschen nicht in ihrer natürlichen Reihenfolge anschweißen, sondern einzelne Stücke überspringen, z. B. schweißen 1 und 4, 2 und 5, 3 und 6 usw.

b. Eine Kombination von Parallellaschen (inwendig) und Querlaschen (auswendig) ist ebenfalls denkbar (Abb. 52 III). Eine solche Blechverbindung genügt der Forderung symmetrischer Verstärkung; sie ist so fest, daß ein Bruch der zu sichernden Naht — gute Arbeit stets vorausgesetzt — kaum möglich ist. Der Gefahr, daß das Blech einer Parallellasche entlang aufreißt, wird durch diese Kombination gesteuert.

c. Parallellaschen über und unter der Naht können angeschweißt werden nach Maßgabe von Abb. 51 II und III.

Bei beliebigen krummen Flächen sind Parallellaschen zum Zweck der Nahtsicherung nicht immer anwendbar, Querlaschen hingegen schmiegen sich überall leicht an.

Daß Bodenrundnähte ebenso gut verstärkt werden sollten als Längsnähte, werden wir noch beweisen.

Laschen sind als Sicherungsmittel zuverlässiger als bloße Verdickungen der Nähte; sie bilden ein Konstruktionselement für sich. Für den Fall, daß eine Naht zwischen Querlaschen bricht, wird die Rißbildung wenigstens aufgehalten, was die Versuche bewiesen haben.

13. **Einwirkung äußerer Wärme auf elektrisch geschweißte Nähte.** Soll die elektrische Schweißung im Kesselbau Platz greifen, so

muß man ihrer sicher sein hinsichtlich der Einwirkung äußerer Wärme. Es gibt Nähte, die bloß Dampftemperatur auszuhalten haben; solche, die einseitig Feuerwirkung erleiden, anderseitig durch Wasser gekühlt werden; endlich solche, die lediglich Glühtemperaturen ausgesetzt sind.

Der Schweizerische Verein von Dampfkesselbesitzern überwacht seit drei Jahren in seinem Gebiet mehrere kleinere Kessel (bis 6 m^2 Heizfläche und 6 at Druck), deren Schalennähte elektrisch geschweißt sind, ohne daß sich bisher Uebelstände gezeigt haben. Die Werkstätten Zürich der Schweizerischen Bundesbahnen haben seit 2—3 Jahren flußeiserne Feuerbüchsen vieler Lokomotivkessel durch elektrische Schweißung ausgebessert,[1] ohne daß solche Nähte sich als nicht haltbar erwiesen hätten.

Dagegen sollen dem Vernehmen nach elektrische Schweißnähte an Glühtöpfen nicht halten. (Siehe auch Kap. 11 hiervor.) Auf diese Fragen wird die Zukunft noch antworten müssen.

14. **Kosten.** Technisch gelingt es, eine elektrisch geschweißte Naht so zu bewehren, daß sie fester wird als das volle Blech; daraus erwachsen gewisse Kosten. Die Dampfkessel-Ueberwachungsvereine fragen mehr nach der Sicherheit, die Bezüger mehr nach den Kosten. Dieser Widerstreit wird die Grenze von geschweißter und genieteter Naht bestimmen. Der Neigung fachunkundiger Kreise, „über Berg und Tal“ zu schweißen, muß man entgegentreten.

15. **Darstellung und Kennzeichnung von elektrisch geschweißten Blechverbindungen in Zeichnungen.** Soll elektrisch geschweißt werden im Druckbehälterbau, so muß die Art, wie die Werkstätte dabei vorzugehen hat, in den Zeichnungen genau vorgeschrieben werden und Irrtum soll ausgeschlossen sein. Jedenfalls ist bei jeder Naht das Profil in Naturgröße anzugeben, sowie durch die Bezeichnung „AS“ oder „ES“, ob es sich um autogene oder elektrische Schweißung handelt. Im übrigen sei auf die Art der Kennzeichnung der Nähte in vorliegendem Aufsatz verwiesen.

---

[1] Druckschrift: Versuche mit autogen und elektrisch geschweißten Kesselteilen, 1921, Abb. 25.

IV. Dehnungsmessungen an geschweißten Behältern.

24. Der Okhuizensche Dehnungsmesser.

Der Holländer D. Okhuizen hat ein Instrument geschaffen, mit welchem Dehnungen der Größenordnung 1 : 1000 mm ziemlich sicher und zudem auf einfache Weise gemessen werden können. Die Ingenieure des Schweizerischen Eisenbahndepartementes sowie der Schweizerischen Bundesbahnen und die schweizerischen Fabrikanten eiserner Brücken bedienen sich dieses Instrumentes seit einiger Zeit für die Brückenkontrolle.[1] Wir haben diese Meßmethode auf eiserne in Spannungszustand sich befindende Hohlkörper ausgedehnt.[2]

Die Genauigkeit unserer Messungen geht nicht über ein technisch leicht erreichbares Maß hinaus, das wir aber für unser Ziel als genügend erachten konnten. Bei den Messungen können Unregelmäßigkeiten des Spannungszustandes zum Vorschein kommen, die aus größern Fehlerquellen schöpfen als aus der Ungenauigkeit der von uns benützten Instrumente und der Ablesung; es fallen Unterschiede in der Wandstärke und Abweichungen von der richtigen Körperform schwer ins Gewicht. Sodann kommt es auf die Elastizität des Materials, auf Spannungszustände infolge der Bearbeitung, z. B. der Schweißung an, usw. Das Blech der Probebehälter ist zwar stets geprüft worden; dennoch ziehen wir es vor, in die Betrachtung allgemein einzuführen

$$E = 2\,150\,000 \text{ kg/cm}^2 \qquad 1 : m = \nu = 0{,}3.$$

25. Dehnungen und Spannungen.

Die Zeigerausschläge der Dehnungsmesser wurden unter Berücksichtigung der Eichkonstanten umgerechnet in Dehnungen Δl

[1] Literatur: A. Bühler und A. Meyer, Bern (SBB): Beschreibungen von Apparaten zur Untersuchung von eisernen und massiven Bauwerken. 1922. — Dr. ing. Theophil Wyß: Beitrag zur Spannungs-Untersuchung an Knotenblechen eiserner Fachwerke. Forschungsarbeit 262 des V. d. I. 1923. — M. Roš: Nebenspannungen usw., Schw. Bauzeitung, 7. Okt. 1922.

[2] Wir verdanken den Schweizerischen Bundesbahnen sowie dem Verband schweizerischer Brücken- und Eisenhochbaufabrikanten die Aushilfe mit Personal und Instrumenten aufs wärmste.

mit der Längeneinheit 1 : 1000 mm. Die spezifische Dehnung (siehe Abschnitt V) wird sodann erhalten aus $\varepsilon = \Delta l : l$; l ist der Schneidenabstand der Instrumente und kann konstant = 20 mm = 20 000 Meßeinheiten genommen werden. Die spezifischen Dehnungen sind in Abb. 53, 54 und 55 als Ordinaten über dem Wasserdruck im Behälterinnern als Abszissen aufgetragen. Diese Abbildungen gelten für die Probebehälter I und II; wir erinnern daran, daß beide gleich gebaut waren. Für die Dehnungsmessungen mußte Mantel I und Boden II benützt werden. Wir begnügen uns damit, das Verfahren bei der Auswertung der Meß-Ergebnisse einmal zu beschreiben, später bleibt es sich gleich. Durch Verbindung der aufgetragenen Punkte entstehen Dehnungslinien; an ihrem Verlauf kann man die Natur des Spannungszustandes und auch die Richtigkeit der Messung kontrollieren.

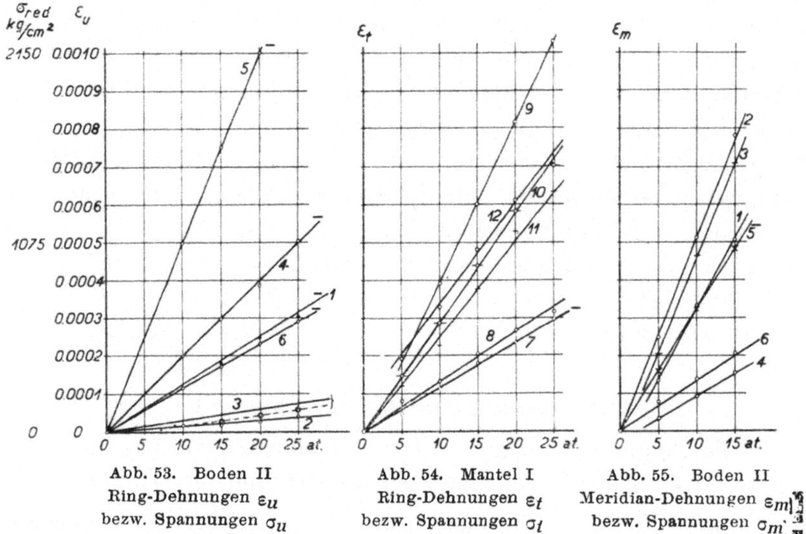

Abb. 53. Boden II
Ring-Dehnungen ε_u
bezw. Spannungen σ_u

Abb. 54. Mantel I
Ring-Dehnungen ε_t
bezw. Spannungen σ_t

Abb. 55. Boden II
Meridian-Dehnungen ε_m
bezw. Spannungen σ_m.

Auf die Wiedergabe der Achsialdehnungen ε_a am Mantel verzichten wir.

Wir suchen nun die Spannungen zu ermitteln. Sie sind den Dehnungen proportional und können aus Abb. 53, 54 und 55 abgelesen werden nach Anbringung des richtigen Maßstabs. An welcher Stelle eines Hohlkörpers die Dehnung gemessen werde, gilt

$$\sigma = \varepsilon E$$

Ist $\varepsilon = \Delta l : l = 0{,}001$, so ist $\sigma = 0{,}001 \cdot 2150000 = 2150 \text{ kg/cm}^2$. Die an diesem Maßstab abgelesene Spannung ist die reduzierte Spannung (siehe Kap. 29); denn die Dehnung vollzog sich unter der gleichzeitigen Einwirkung der drei Hauptspannungen. Wir haben aber nur in einer Richtung gemessen und bringen die betreffende Dehnung in Zusammenhang mit der Spannung, die einem Stab die gleiche spezifische Dehnung (ε) erteilt hätte, also mit der reduzierten Spannung.

Zugspannungen besitzen das +, Druckspannungen das —Vorzeichen.

Die Spannungen bezeichnen wir, den Dehnungen entsprechend, wie folgt (siehe auch Kap. 29):

σ_a Achsialspannung am Mantel, in der Bildebene wirkend.
σ_t Ringspannung am Mantel, $\perp$ zur » »
σ_m Meridianspannung am Boden, in der » »
σ_u Ringspannung am Boden, $\perp$ zur » »

Als Bildebene nehmen wir hier eine solche, die die Rotationsachse des Hohlkörpers bezw. die Zylinderachse enthält.

Die meisten Spannungslinien in Abb. 53—55 besitzen linearen Verlauf; Abweichungen machen sich geltend: Beim Mantel für σ_t von $p \sim 25$ at, beim Boden und zwar in der Krempe für σ_m von ca 15 at an. Grund: Ueberschreitung der Elastizitätsgrenze. Spannungslinien, die den Meßpunkten zukommen, die auf der Krempe liegen, weichen schon bei geringerm Druck als die übrigen vom linearen Anstieg ab. Für die Krempe und für die Böden überhaupt läßt sich das begreifen. Daß auch beim Mantel rascher Abweichungen der Spannungen vom proportionalen Verlauf als gemäß Rechnung erwartet, vorkommen, ist weniger verständlich. Ein Grund kann darin liegen, daß das Mantelblech kalt aufgebogen wird; infolgedessen bleiben an der Außenseite Zugspannungen zurück; sie machen sich bei zunehmendem Druck geltend durch vorzeitige Ueberschreitung der Elastizitätsgrenze.

Wenn einzelne Strahlen von Abb. 53—55 nicht durch den 0-Punkt gehen, ist dies dem zögernden Ansprung des Instrumentes zuzuschreiben; man ist berechtigt, solche Strahlen durch den 0-Punkt zu legen.

Die Strahlen steigen unter ungleichem Winkel an, also sind die betreffenden Meßpunkte ungleichen Spannungen unterworfen. Für den Mantel würde dies nicht erwartet; denn die Spannung, nach gebräuchlichen Formeln berechnet, ist bei gleichem Druck konstant für alle Meßpunkte. Der Grund dafür ist, daß der Mantel, wie wir noch sehen werden, von den Böden her beeinflußt wird; es treten Biegungsspannungen in die Erscheinung.

Bei den Mänteln I—II würde die gerechnete Spannung σ_t mit Strahl 11, Abb. 54, zusammenfallen.

26. Der Spannungsverlauf an den Probebehältern I—II, VII und VIII.

Der bessern Uebersicht halber sind den Spannungsplänen (nächste Abbildungen) die Skizzen der betreffenden Hohlkörper beigefügt, obwohl sich Angaben darüber schon früher vorfinden. Die Böden von I—II und von VII sind gewöhnlicher Art, d. h. ihr Meridian setzt sich zusammen aus Teilen verschiedener Kreisbögen (Korbbogen-Meridian). Dagegen ist VIII mit elliptischen Böden ausgerüstet, wie in Kap. 20 beschrieben.

Wir kontrollieren den Spannungsverlauf an jedem einzelnen Meßpunkt, so wie in Kap. 25 angegeben. Jetzt tragen wir die Spannungen örtlich am Behälter bezw. in seinem Bild auf. Das letztere kann den Längs- oder den Querschnitt darstellen. Wir wickeln zur weitern Vereinfachung den Umriß des Hohlkörpers in eine Gerade ab und benützen die letztere als Abszissenachse, worauf die Meßpunkte in richtigen Abständen abgestochen werden. Durch Auftragen der Spannungen auf den Ordinaten über den Meßpunkten ergibt sich der Spannungsverlauf an dem betreffenden Hohlkörper. Aus diesem Bild kann der letztere hinsichtlich seiner Festigkeit beurteilt werden. Wir haben erreicht, was die Rechnung bis jetzt nicht gegeben hat. In einer Hinsicht ist das Verfahren jedoch beschränkt: Wir können bloß außen messen, die Spannungen an der Innenseite kennen wir einstweilen noch nicht; es sei auf Kap. 33 verwiesen.

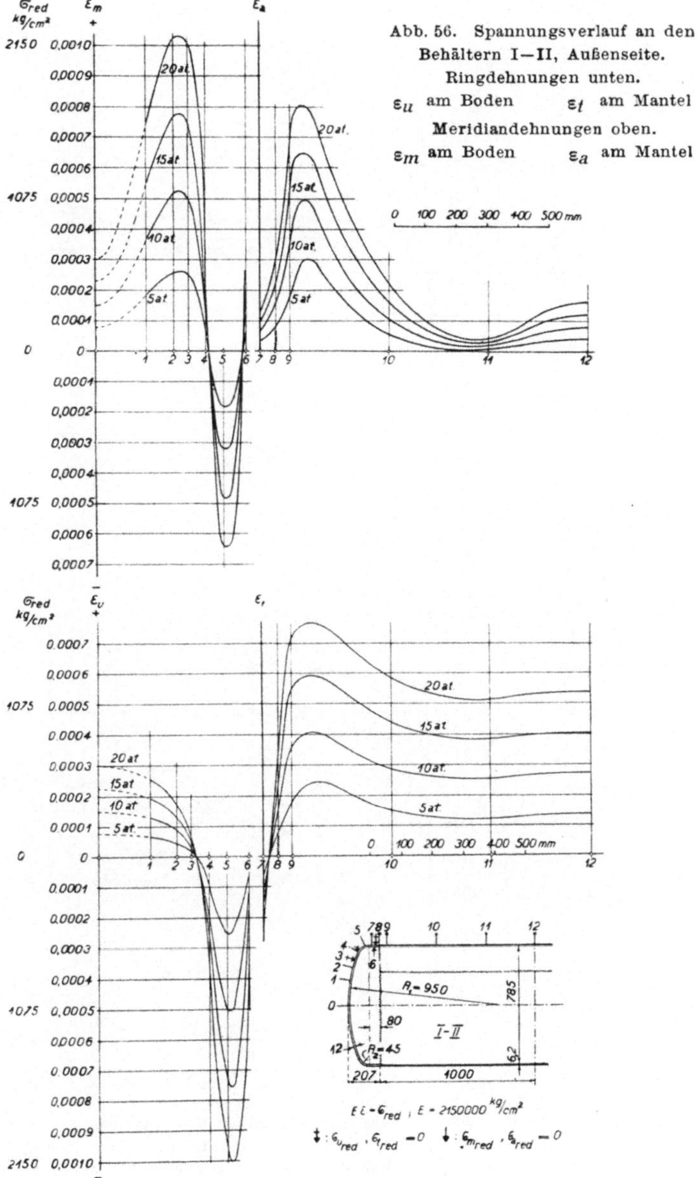

Abb. 56. Spannungsverlauf an den Behältern I—II, Außenseite.
Ringdehnungen unten.
ε_u am Boden ε_t am Mantel
Meridiandehnungen oben.
ε_m am Boden ε_a am Mantel

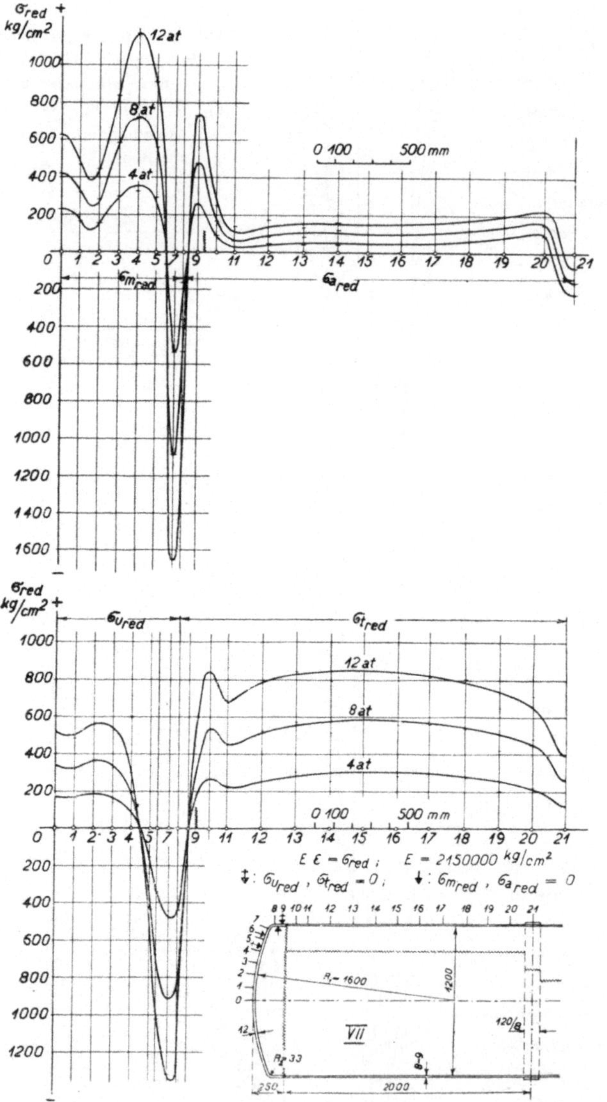

Abb. 57. Spannungsverlauf am Behälter VII, Außenseite.

Ringspannungen unten. Meridianspannungen oben.

$\sigma_{u\,red}$ am Boden $\sigma_{t\,red}$ am Mantel $\sigma_{m\,red}$ am Boden $\sigma_{a\,red}$ am Mante

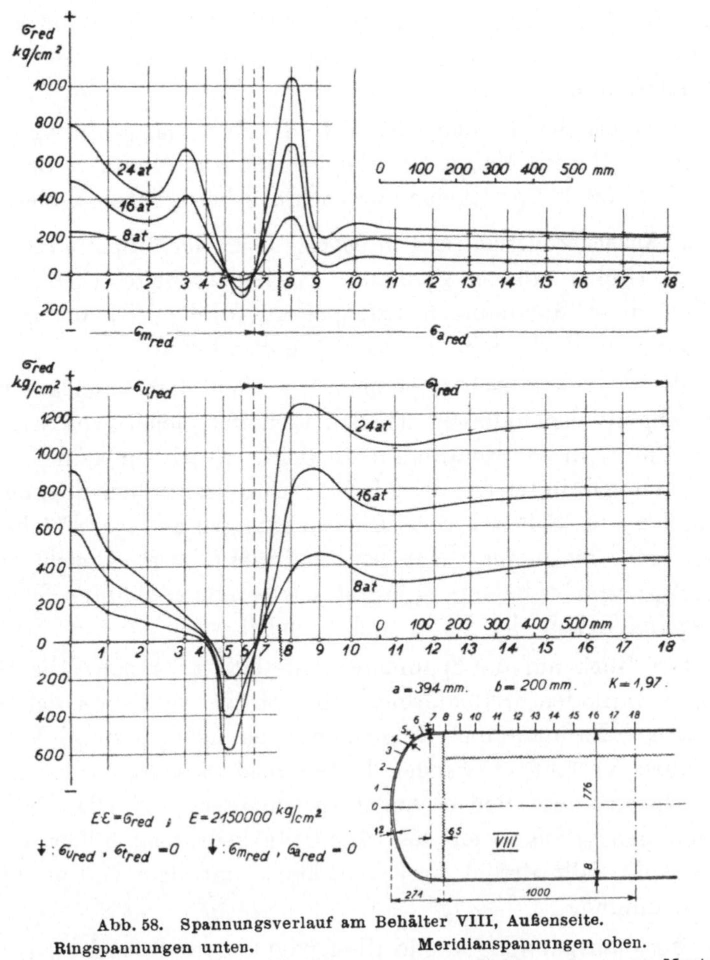

Abb. 58. Spannungsverlauf am Behälter VIII, Außenseite.
Ringspannungen unten. Meridianspannungen oben.
$\sigma_{u\ red}$ am Boden $\sigma_{t\ red}$ am Mantel $\sigma_{m\ red}$ am Boden $\sigma_{a\ red}$ am Mantel

Wie die Anschriften in den Abbildungen ergeben, handelt es sich um reduzierte Spannungen, was nochmals hervorgehoben sei.

In Abb. 56 (I—II) sind auf den Ordinatenachsen die Dehnungen aufgetragen; an den beigefügten Maßstäben können die zugehörigen Spannungen jedoch ohne weiteres abgelesen werden.

Kleine Zickzacklinien über den Abszissenachsen geben an, wo die Bodenrundnähte liegen. Es sei daran erinnert, daß die Wandstärke des Mantels bei jedem dieser Behälter geringer ist als die des Bodens. Ein gewisser Spannungssprung ist auf diesen Absatz zurückzuführen.

Weil bei den Probebehältern I—II die Bodenspannungen sich auf Boden II, die Mantelspannungen sich auf Mantel I beziehen, sieht Abb. 56 kleine Räume zwischen den bezüglichen Bildern vor.

a. Spannungsverlauf an den Böden. Jeder der 6 Spannungspläne beginnt (links) mit der Spannung im Bodenscheitel (bei Abb. 56 mußten diese Spannungen extrapoliert werden, da mangels an Instrumenten dort nicht gemessen werden konnte).

Es muß theoretisch angenommen werden, daß Ringspannungen und Tangentialspannungen im Bodenscheitel gleich groß seien, da dieser Punkt in der Rotationsachse liegt. Trotzdem kamen kleine Abweichungen unter den durch Messung ermittelten Spannungen σ_m und σ_u im Scheitel vor. Die Spannungen an einer Fläche verteilen sich überhaupt nicht so regelmäßig, wie es sich gemäß Ueberlegung oder Rechnung ergibt, aus bereits erwähnten Gründen: Unregelmäßigkeit der Form und Wandstärke.

Ein Blick auf die Spannungspläne läßt erkennen: Die Spannungen verlaufen wellenförmig; ihre Größe verändert sich nicht plötzlich. Meridian- und Ringspannungen nehmen in allen Fällen ähnlichen Verlauf; folgender Unterschied besteht indessen zwischen beiden vom Bodenscheitel zur Krempe hin: Die Meridianspannungen springen auf der Zug-Seite bedeutend höher an; ihr Höhepunkt fällt örtlich fast zusammen mit dem Nullpunkt der Ringspannung.

Meridianspannungen und Ringspannungen wechseln gegen die Krempe hin das Vorzeichen; aus Zug (+) wird Druck (—). Die Nullstellen sind in den Schnittbildern der Hohlkörper durch Dreieckpunkte bezeichnet (siehe auch Abb. 45). Die Druckspannungen wachsen bis zu einem Höchstpunkt, der örtlich über dem Mittelstück der Krempe liegt. Dieser Punkt steigt um so höher, je enger der Krempenhalbmesser (R_2) ist; R_2 bei I—II $=$ 4,5 cm, bei VII $=$ 3,3 cm. Die Meridianspannung (Druck) überwiegt in der Krempe die Ringspannung (Druck). Beim Weiterschreiten wechselt die

Meridian- und Ringspannung nochmals das Vorzeichen und zwar in der Nähe der Rundnaht; aus Druck wird wiederum Zug.

Die zwei Nullstellen der Meridianspannung liegen in allen Fällen innerhalb der zwei Nullstellen der Ringspannung.

Wir sind nun beim Mantel angelangt. Hier sinkt die Achsialspannung — sie ist die Fortsetzung der Meridianspannung — auf die Hälfte der Tangentialspannung (Ringspannung) zurück. Bevor Achsial- und Tangentialspannungen annähernd konstant werden, ergeben sich noch kleine Amplituden, beim Mantelanfang.

Die Bodenrundnähte liegen in der Nähe dieser Amplituden der Achsial- und Tangentialspannungen. Man wird dieser Tatsache künftig bei der Beurteilung der Festigkeit dieser Rundnähte gerecht werden müssen. Hier sind gleichwertige Verstärkungsmittel in Anwendung zu bringen wie bei den Längsnähten.

Wir wenden uns nun dem elliptischen Boden, Abb. 58, zu. Die Verminderung der Spannungsamplituden beim Boden VIII ist auffallend gegenüber den Korbbogen-Böden I—II und namentlich gegenüber VII; letzterer besitzt den engsten Krempenhalbmesser.

Wir bemerken dagegen einen gewissen Spannungsanstieg im Scheitel des elliptischen Bodens VIII. Der Sachverhalt ist, daß der Boden an jener Stelle dünner war ($s = 1{,}0—1{,}1$ cm) als gegen das zylindrische Ende hin ($s = 1{,}2—1{,}3$ cm). Im Scheitel, wo volles Blech ist, haben wir hohe Spannungen nicht so zu befürchten wie in der Krempe und gegen die Bodennähte hin. Der günstige Spannungsverlauf beim Boden mit elliptischem Meridian prädestiniert denselben als Boden der Zukunft. Aber die Befestigungsnähte dürfen nicht weniger stark gemacht werden als bei gewöhnlichen Böden.

b. Mäntel. Der Spannungsverlauf am Mantel gestaltet sich einfacher als am Boden. Der Mantel wird an seinen äußern Enden beeinflußt von den Böden; die Einwirkung kann herrühren von der Gestalt der letztern und auch von ihrem Abstand bezw. vom Verhältnis von Abstand zu Manteldurchmesser. Bei großer Boden-Entfernung (VII, 400 cm) verflacht sich die Spannungsamplitude vom Boden her verhältnismäßig bald; die Spannung wird annähernd konstant. Dies scheint auch beim Mantel VIII, dessen zugehörige Böden elliptische Form besitzen, der Fall zu sein. Wie sich die Verhältnisse gestalten bei kurzem Boden-Abstand, ist in Kap. 27 behandelt.

Zu bemerken ist noch, daß die Rundlasche von Mantel VII die Ursache wird eines Spannungswechsels bei den Achsialspannungen, einer Spannungsverminderung bei den Tangentialspannungen.

27. Mantelspannungen von Probebehälter V.

Die Abb. 59 gibt Auskunft über die Beschaffenheit des Behälters V. Die Messungen beschränkten sich auf wenige Punkte des Mantels. Wir bringen die Ergebnisse als Beweis dafür, daß

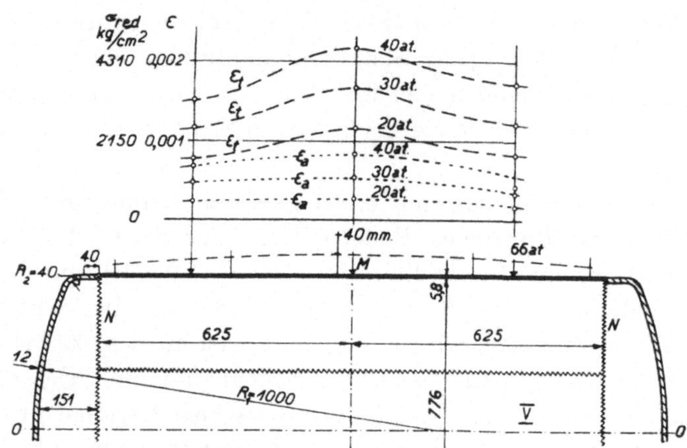

Abb. 59. Mantelspannungen an Probebehälter V.

bei kurzem Bodenabstand — es handelt sich hier um 130 cm zwischen den Rundnähten bei 80 cm Durchmesser — die Einwirkung der Böden bis in die Mantel-Mittelebene reicht, so daß sich die daher rührenden Spannungen summieren.

Die Deformation — gestrichelte Linie über der Mantellinie — ist denn auch in der Mitte am größten; wir erhielten die bekannte Fäßchenform.

28. Ringspannungen in der überlappt geschweißten Längsnaht von XII.

Die Beschreibung von Probebehälter XII ist in Kap. 21 gegeben, der Querschnitt durch die Längsnaht außerdem in Abb. 60. Der Spannungsverlauf kommt zum Ausdruck durch die Linien A für die Meßpunkte 8 bis 15 quer zur Naht; ferner durch die Linien B für die Meßpunkte 17 bis 19 quer zum Mantel in seinem glatten Teil. Die Abszissenachse entspricht dem abgewickelten Teil quer zur Naht. Wie in Kap. 13 (Abb. 25) angegeben, sucht sich das überlappte Stück, auch wenn es gewölbt ist, ähnlich einzustellen wie beim Stab (II Abb. 25). Diese Bestrebung verursacht Biegungsspannungen; daher erhalten wir als Ergebnis der Messung außen links Druck, außen rechts Zug. Die Spannungen auf der Innenseite besitzen dort das um gekehrte Vorzeichen[1] (Kap. 33).

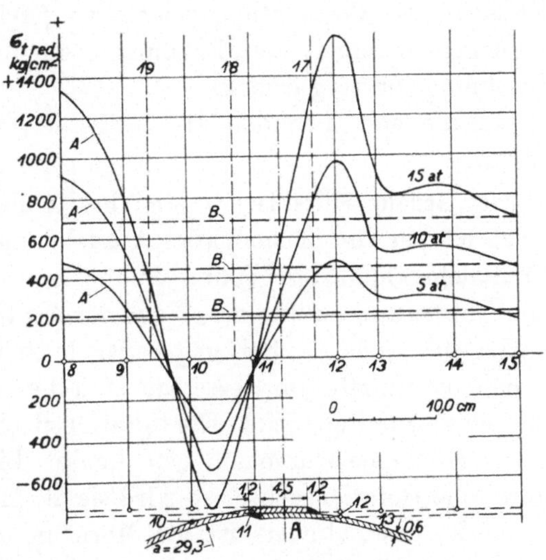

Abb. 60. Ringspannungen $\sigma_{t\,red}$ in der Längsnaht von XII.

[1] Unsere Feststellungen bestätigen ungefähr diejenigen von Daiber: Biegungsspannungen in überlappten Kessel*niet*nähten. Z. V. d. Ing. 1913.

V. Abriß der Theorie über die Festigkeit von Hohlkörpern.[1]

29. Einführung.

Wenn wir die Festigkeitstheorie von Hohlkörpern in den Kreis unserer Betrachtung ziehen, so geschieht es, um im Rahmen vorliegender Arbeit die Ergebnisse von Messungen mit denen der Rechnung zu vergleichen.

Einleitend möchten wir einige Grundbegriffe in Erinnerung rufen.

a. Schale, Mittelfläche. Man bezeichnet in der Festigkeitslehre einen Körper von flächenhafter Ausdehnung, dessen Dicke senkrecht zur Fläche klein ist gegenüber den übrigen Abmessungen, als Schale. Die Halbierungspunkte der Wandstärke s liegen auf der sog. Mittelfläche der Schale. Bei gegebener Mittelfläche ist die Form der Schale bestimmt. Im Kesselbau sind die Schalen häufig Rotationsflächen konstanter Dicke. Die Rotationsfläche entsteht durch Drehen einer beliebigen Kurve um eine Achse. Liegt diese in einer Ebene durch die Rotationsachse, so wird sie als Meridiankurve bezeichnet. Im Falle des Zylinders ist die Meridiankurve eine zur Rotationsachse parallele Gerade.

b. Hauptspannungen. Wir setzen den Begriff von Normal- und Schubspannungen als bekannt voraus. — Von den unendlich vielen Schnittebenen, die man in einem willkürlich gewählten Punkt eines Körpers legen kann, gibt es drei zueinander senkrecht stehende Ebenen, welche keine Schubspannungen aufweisen. Man nennt diese Ebenen Hauptschnitte, ihre Normalspannungen Hauptspannungen und die Dehnungen in diesen Schnittrichtungen Hauptdehnungen. Die eine der Hauptspannungen weist den größten Wert auf, während eine andere Hauptspannung ein Minimum ist.

Für einen Punkt in der Wand eines Hohlzylinders fällt der eine Hauptschnitt zusammen mit der Tangentialebene an den koachsialen Zylindermantel, auf dem der Punkt liegt (tangentiale

[1] Die nächsten drei Kapitel verdankt der Verfasser Herrn Dipl. Ing. A. Huggenberger, Ingenieur des Vereins.

Richtung), während der andere Hauptschnitt durch die Ebene gegeben ist, die den betrachteten Punkt und die Zylinderachse enthält (radiale Richtung).

c. Formänderung und Spannungszustand. Ein Festigkeitsproblem muß schrittweise untersucht werden; man betrachtet die Formänderung und den daraus hervorgehenden Spannungszustand. Beide Aufgaben sind jedoch nicht unabhängig voneinander, sondern Hand in Hand zu lösen. Der Zusammenhang geht aus folgendem einfachem Beispiel, dem prismatischen, in einer Richtung auf Zug beanspruchten geraden Stab hervor.

Infolge der beidseitig an den Stabenden angreifenden Zugkraft P_x deformiert sich der Stab bis er die in Abb. 62 gereckte Form annimmt; er verlängert sich in der x-Richtung um Δl. Man bezeichnet als „verhältnismäßige“ oder „spezifische“ Dehnung das Verhältnis

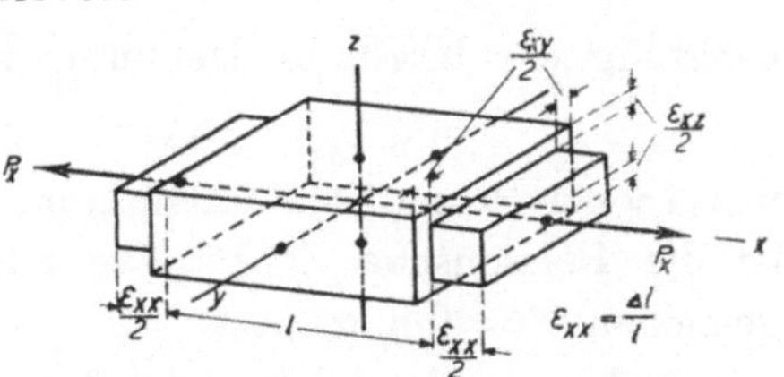

Abb. 62. Prismatischer Stab, in einer Richtung beansprucht.

$$\frac{\Delta l}{l} = \varepsilon_{xx} \qquad (1\,a)$$

wo l die ursprüngliche Länge des Stabes bedeutet. Unterhalb der sog. Proportionalitätsgrenze stehen Zugkraft P_x und Verlängerung Δl in linearem Zusammenhange und es gilt die Beziehung

$$\frac{\Delta l}{l} = \frac{P_x}{F E} \qquad (1\,b)$$

worin F der Stabquerschnitt und E der Elastizitätsmodul (für Flußeisen $E \cong 2150000\,\mathrm{kg/cm^2}$) ist.

Unter der Voraussetzung, daß die Spannung gleichmäßig über die Schnittfläche verteilt ist, also $P_x : F = \sigma_x$ gesetzt werden darf, geht Gleichung (1 b) mit Benützung von (1 a) über in

$$\varepsilon_{xx} = \sigma_x : E \quad \text{(Hooksches Gesetz)} \qquad (2\,a)$$

(Bach rechnet mit dem Dehnungskoeffizienten α, welcher $= 1 : E$, somit $\varepsilon = \alpha\sigma$).

Die erste Fußnote von ε gibt an, in welcher Richtung die

Kraft auf den Körper wirkt, während die zweite Fußnote die Richtung anzeigt, in welcher sich der Körper infolge dieser Kraftwirkung dehnt oder zusammenzieht.

Während sich der Stab in der Längs-(x-)Richtung streckt, zieht er sich quer zu ihr, also in der y- und z-Richtung elastisch zusammen. Messungen haben gezeigt, daß diese Verkürzungen proportional der Zugkraft P_x und daher proportional der durch P_x verursachten Stab-Dehnung sind.

Richtung der Kraft: x, Dehnungsrichtung: y,

$$\varepsilon_{xy} = - \nu \varepsilon_{xx} \tag{2b}$$

Richtung der Kraft: x, Dehnungsrichtung: z,

$$\varepsilon_{xz} = - \nu \varepsilon_{xx} \tag{2c}$$

wobei ν der Proportionalitätsfaktor; sein reziproker Wert $1 : \nu = m$ ist die Poissonsche Zahl. Für schmiedbares Eisen wird im allgemeinen $\nu = 0{,}3$ gesetzt.

Nehmen wir nun an, die Zugkraft wirke nicht in der x-Richtung, sondern z. B. in der y- oder z-Richtung, so gelten, homogenes Material vorausgesetzt, analoge Gleichungen, die dadurch aus den Gleichungen (2a), (2b), (2c) hervorgehen, daß an Stelle von x die Fußnote y oder z zu setzen ist.

Wirken die Kräfte in zwei Richtungen z. B. x und y gleichzeitig, d. h. haben wir einen ebenen Spannungszustand, so summieren sich beide Wirkungen (Gleichung 3 in Tafel Ia).

Der Uebersichtlichkeit halber stellen wir die Formeln in nachfolgender Tafel Ia zusammen.

Der dreiachsige oder räumliche Spannungszustand, bei dem die Zugkräfte in allen drei Richtungen gleichzeitig wirken, entsteht durch die Uebereinanderlagerung der drei einachsigen Spannungszustände. Diese Betrachtungsweise ist bekannt unter dem Namen Superpositionsprinzip. Es gestattet, den bei einem gegebenen Spannungszustand, z. B. einem räumlichen, in allen drei Achsenrichtungen sich geltend machenden Einfluß jeder Kraft unabhängig von den andern Kräften zu untersuchen. Die resultierende Formänderung in einer Achsenrichtung ist dann gleich der Summe der Einflüsse aller Kräfte bezüglich dieser Achsenrichtung.

Tafel I a.

Die Zugkraft wirkt in	Gleichung	Dehnung in Richtung			Belastungsschema	Spannungszustand
		x	y	z		
x-Richtung	2	$\varepsilon_{xx} = \frac{1}{E}\sigma_x$	$\varepsilon_{xy} = -\frac{\nu}{E}\sigma_x$	$\varepsilon_{xz} = -\frac{\nu}{E}\sigma_x$	σ_x, σ_x	einachsig (linear)
y-Richtung	—	$\varepsilon_{yx} = -\frac{\nu}{E}\sigma_y$	$\varepsilon_{yy} = \frac{1}{E}\sigma_y$	$\varepsilon_{yz} = -\frac{\nu}{E}\sigma_y$	σ_y, σ_y	einachsig (linear)
x- und y-Richtung gleichzeitig	3	$\varepsilon_x = \frac{1}{E}(\sigma_x - \nu\sigma_y)$	$\varepsilon_y = \frac{1}{E}(\sigma_y - \nu\sigma_x)$	$\varepsilon_z = -\frac{\nu}{E}(\sigma_x - \sigma_y)$	σ_x, σ_y, σ_x, σ_y	zweiachsig (ebenen)
z-Richtung	—	$\varepsilon_{zx} = -\frac{\nu}{E}\sigma_z$	$\varepsilon_{zy} = -\frac{\nu}{E}\sigma_z$	$\varepsilon_{zz} = \frac{1}{E}\sigma_z$	σ_z, σ_z	einachsig (linear)
allen drei Richtungen gleichzeitig	4	$\varepsilon_x = \frac{1}{E}[\sigma_x - \nu(\sigma_y + \sigma_z)]$	$\varepsilon_y = \frac{1}{E}[\sigma_y - \nu(\sigma_x + \sigma_z)]$	$\varepsilon_z = \frac{1}{E}[\sigma_z - \nu(\sigma_x + \sigma_y)]$	σ_z, σ_y, σ_x, σ_x, σ_y, σ_z	dreiachsig (räumlich)

d. Annahmen über Bruchgefahr. Reduzierte Spannung. Die Bruchgefahr des Materials kann von verschiedenen Gesichtspunkten aus beurteilt werden.

Soweit sich die Bemessung der Bruchgefahr auf die Normalspannung resp. Dehnung gründet, kommen nur die entsprechenden Werte der Hauptschnitte in Frage. Zum Unterschied gegenüber frühern Bezeichnungen sollen die Hauptspannungen bezw. Hauptdehnungen entsprechend den drei Achsenrichtungen mit σ_1, σ_2, σ_3 bezw. ε_1, ε_2, ε_3 bezeichnet werden.

Die älteste Hypothese nimmt an, daß der Bruch eintritt, sobald die größte der drei Hauptspannungen die Festigkeit des Metalles überschreitet (Spannungshypothese). Eine andere Ansicht macht die Bruchgefahr abhängig von der größten Dehnung (Dehnungshypothese). Dabei wird aber nicht die Dehnung als Maß benützt, sondern die sog. reduzierte Spannung.

Es sei z. B. ε_1 die größte der drei Spannungen in einem räumlichen Spannungszustande. Entsprechend Gleichung 4 (in Tafel I a) ist

$$\varepsilon_{1\,\text{Körper}} = \frac{1}{E}\,[\sigma_1 - \nu\,(\sigma_2 + \sigma_3)].$$

Dagegen ist für den Stab, an dem nur eine Kraft angreift, entsprechend Formel 2a (in Tafel I a)

$$\varepsilon_{\text{Stab}} = \frac{1}{E}\,\sigma$$

Diejenige Spannung, die im einachsigen Spannungszustande die gleiche Dehnung hervorruft, wie im dreiachsigen Spannungszustande das Zusammenwirken von σ_1, σ_2 und σ_3 in der nämlichen Richtung erzeugt, wird als reduzierte Spannung bezeichnet, d. h. ist $\varepsilon_{\text{Stab}} = \varepsilon_{1\,\text{Körper}}$, so wird

$$\sigma_{\text{red}} = [\sigma_1 - \nu\,(\sigma_2 - \sigma_3)]. \qquad (5)$$

Die in einer Festigkeitsaufgabe errechneten Hauptspannungen sind in der Weise als σ_1, σ_2 und σ_3 in Gleichung (5) einzuführen, daß für σ_{red} der gefährlichste Wert herauskommt.

Diese von Poncelet und nach ihm von de St. Venant gemachte Annahme hat die meisten Anhänger gefunden.

Die Stress-difference-Hypothese, die wir an dritter Stelle erwähnen wollen, stellt als Bedingung für die Bruchgefahr, daß die größte Differenz zwischen der größten und kleinsten Hauptspannung die Zugfestigkeit nicht überschreiten darf.

Coulomb sieht in der größten Schubspannung ein Maß für die Bruchgefahr. Eine Modifikation dieser Annahme ist eine von Mohr aufgestellte Hypothese, die jedoch noch nicht völlig abgeklärt ist.

30. Hohlzylinder.

a. Formeln für die Berechnung von Hohlzylindern.

α. Dickwandiger Hohlzylinder. Es würde zu weit führen, die Formeln, die zur Berechnung von dickwandigen Hohlzylindern dienen, herzuleiten; wir verweisen auf die Literatur.[1] Dagegen halten wir es für angezeigt, einzelne Formelgruppen, die auf verschiedenen Voraussetzungen fußen, zu erwähnen. Wir beschränken uns auf den Hohlzylinder mit Innendruck, wobei angenommen wird, daß sich der Spannungszustand in achsialer Richtung nicht ändert.

Es bedeutet:

p Innendruck in at.
r Halbmesser für einen Punkt im Innern der Zylinderwand (cm).
a innerer Halbmesser (cm).
c äußerer Halbmesser (cm).
s Wandstärke $= c - a$ (cm).
σ_t Normalspannung in tangentialer Richtung (Ringspann., kg/cm²).
σ_r Normalspannung in radialer Richtung (Radialspannung, kg/cm²).
σ_a Normalspannung in achsialer Richtung (Achsialspann., kg/cm²).
σ_z zulässige Beanspruchung für den Zylindermantel (kg/cm²).
K Zugfestigkeit des zum Zylindermantel verwendeten Bleches (Flußeisen $K = 3600$ kg/cm²).

[1] z. B. Föppl, Festigkeitslehre, Bd. III, 1919, S. 321. Bach, Elastizität und Festigkeit, 1911, S. 520.

x Sicherheitsgrad.

z Gütegrad: Verhältnis der Festigkeit der genieteten oder geschweißten Längsnaht zur Festigkeit des vollen Bleches.

E Elastizitätsmodul (für Flußeisen $E = 2\,150\,000$ kg/cm²).

$\nu = 1 : m$ (Poissonsche Zahl) $\sim 0{,}3$.

Die Berechnung der Spannungen kann nach folgenden Formeln erfolgen:

$$\text{Ringspannung} \quad \sigma_t = \frac{r^2 + c^2}{c^2 - a^2} \frac{a^2}{r^2} p \tag{6_t}$$

$$\text{Radialspannung} \quad \sigma_r = \frac{r^2 - c^2}{c^2 - a^2} \frac{a^2}{r^2} p \tag{6_r}$$

$$\text{Achsialspannung} \quad \sigma_a = \frac{a^2}{c^2 - a^2} p \tag{6_a}$$

σ_a ist in allen Punkten der Zylinderwand auch in radialer Richtung konstant.

Aus diesen Gleichungen geht hervor, daß die Normalspannungen (6_t) und (6_r), welche im Falle des Hohlzylinders zugleich Hauptspannungen sind, von r abhängig sind. Sie erreichen ihren größten Wert an der Innenseite der Rohrwand. Zudem ist σ_t die größte Hauptspannung (s. auch Abb. 63). Die gleichen Eigenschaften weisen naturgemäß auch die sog. reduzierten Spannungen auf.

Um die reduzierten Spannungen zu berechnen, stellen wir die den Gleichungen (4) in Tafel I entsprechenden Formeln für die Hauptdehnungen auf. Sie lauten

$$\text{tangential} \quad \varepsilon_t = \frac{1}{E} [\sigma_t - \nu\,(\sigma_r + \sigma_a)] \tag{4_t}$$

$$\text{radial} \quad \varepsilon_r = \frac{1}{E} [\sigma_r - \nu\,(\sigma_t + \sigma_a)] \tag{4_r}$$

$$\text{achsial} \quad \varepsilon_a = \frac{1}{E} [\sigma_a - \nu\,(\sigma_r + \sigma_t)] \tag{4_a}$$

Setzt man hierin die Werte für σ_r und σ_t gemäß Gleichung (6_r) und (6_t) ein und sieht von der achsialen Spannung ab ($\sigma_a = 0$), so erhält man für die reduzierten Spannungen mit $\nu = 0{,}3$

$$\text{tang.} \quad \sigma_{t\,\text{red}} = \frac{(1-\nu)\,r^2 + (1+\nu)\,c^2}{c^2 - a^2} \frac{a^2}{r^2} p = \frac{0{,}7\,r^2 + 1{,}3\,c^2}{c^2 - a^2} \frac{a^2}{r^2} p \tag{7_t}$$

radial $\sigma_{r\,\mathrm{red}} = \frac{(1-\nu)\,r^2 - (1+\nu)\,c^2}{c^2 - a^2}\,\frac{a^2}{r^2}\,p = \frac{0{,}7\,r^2 - 1{,}3\,c^2}{c^2 - a^2}\,\frac{a^2}{r^2}\,p$ $\quad(7_r)$

Berücksichtigt man hingegen die achsiale Spannung, im Hinblick darauf, daß die Kessel stets durch Böden abgeschlossen sind, so wird

tang. $\sigma_{t\,\mathrm{red}} = \frac{(1-2\nu)\,r^2 + (1+\nu)\,c^2}{c^2 - a^2}\,\frac{a^2}{r^2}\,p = \frac{0{,}4\,r^2 + 1{,}3\,c^2}{c^2 - a^2}\,\frac{a^2}{r^2}\,p$ $\quad(8_t)$

radial $\sigma_{r\,\mathrm{red}} = \frac{(1-2\nu)\,r^2 - (1+\nu)\,c^2}{c^2 - a^2}\,\frac{a^2}{r^2}\,p = \frac{0{,}4\,r^2 - 1{,}3\,c^2}{c^2 - a^2}\,\frac{a^2}{r^2}\,p$ $\quad(8_r)$

achsial $\sigma_{a\,\mathrm{red}} = \frac{a^2}{c^2 - a^2}\,(1 - 2\,\nu)\,p = 0{,}4\,\frac{a^2}{c^2 - a^2}\,p$ $\quad(8_a)$

Wenn wir die Formeln für die reduzierten Spannungen hier und nachfolgend anführen, so geschieht es nur der Uebersicht halber. Ueber den Spannungsverlauf gibt einzig die Gleichungsfolge 6_t, 6_r, 6_a, (σ_r, σ_t, σ_a) Aufschluß, was wir besonders betonen.

Der Begriff der reduzierten Spannung gründet sich auf die im Körper auftretenden Dehnungen und wurde aufgestellt, um an Hand der größten Dehnung die Anstrengung des Materials zu bemessen. Folgerichtig ist somit dieser Begriff nur für den Innenmantel in tangentialer Richtung anzuwenden, d. h.

$$\sigma_{t\,\mathrm{red}} = E\,(\varepsilon_t)_{\,r=a} \qquad (9)$$

wobei in Gleichung (4_t) die Werte aus Gleichungsfolge 6 einzuschieben sind. Wir erhalten die gleichen Resultate, wenn in Gleichung 7_t bezw. 8_t für den Halbmesser $r = a$ gesetzt wird.

Um den Unterschied von Spannung und reduzierter Spannung zu verdeutlichen, wurden in Abb. 63 die Linien, welche den Spannungsverlauf darstellen, voll ausgezogen. Die gestrichelten Kurven beziehen sich auf die reduzierten Spannungen.

Diese Gleichungen kommen dann zur Anwendung, wenn es sich um die Untersuchung des Spannungszustandes eines dickwandigen Hohlzylinders handelt. Ein Maß für den Begriff „dickwandig“ gibt das Verhältnis $s : a$, auf das wir noch zurückkommen werden. Ist hingegen die Wandstärke gegenüber dem Zylinderhalbmesser sehr klein (z. B. $s : a < 0{,}05$), dann können außer diesen Gleichungen noch einfachere Formeln für die Berechnung benützt werden, wobei der Hohlzylinder als dünnwandige Schale aufgefaßt wird. In beiden Fällen geben die Gleichungen nur insoweit zutreffende Werte, als der Spannungszustand nicht durch den Einfluß der Böden beeinträchtigt wird. Theoretisch wird dies durch die Bedingung ausgedrückt, der Hohlzylinder sei unendlich lang. Für einen „glatten", durch Böden abgeschlossenen Zylinder, dessen Länge z. B. das Vierfache des Durchmessers ist, wird für einen Querschnitt in halber Zylinderlänge der theoretisch ermittelte Spannungszustand mit dem tatsächlich vorhandenen übereinstimmen, da die Biegungsspannungen, welche von den Böden herrühren, schon vorher verschwinden.

β. Dünnwandiger Hohlzylinder. In der Theorie der dünnwandigen Schalen wird von der Berücksichtigung der radialen Spannung Umgang genommen. Dies ist berechtigt, wenn man bedenkt, daß die radiale Spannung mit zunehmendem Halbmesser von $-p$ am Innenmantel auf den Wert 0 am Außenmantel sinkt. Im Vergleich zur Spannung in tangentialer Richtung, die schon bei einem Druck von wenigen at mehrere 100 kg/cm² betragen kann, darf somit σ_r gegenüber σ_t vernachlässigt werden, dies geht auch aus Zahlentafel IIa und der zugehörigen Abb. 63 hervor.

Die unter dem Namen „Kesselformel" bekannte Gleichung

$$\sigma_t = \frac{a}{s}\, p \qquad 10)$$

(Kurve 10, Abb. 63)

hat, als dünnwandige Schale betrachtet, zur Voraussetzung, daß die Spannung sich gleichmäßig über den Querschnitt des Rohres verteilt. Sie folgt angenähert aus der Beziehung $2\,a\,l\,p = 2\,s\,l \cdot \sigma_t$, wobei l die Länge des Rohres ist. Auch in diesem Falle können wir eine Gleichung für die reduzierte Spannung ableiten, wie nachfolgend erläutert werden soll.

Die achsiale Spannung σ_a kann annäherungsweise für Gefäße, die durch Böden abgeschlossen sind, aus der Beziehung $(2\,\pi\,a\,s)\,\sigma_a = \pi\,a^2\,p$ bestimmt werden. Genau genommen, sollte man für a den Halbmesser berücksichtigen, der bis zur Wandmitte reicht (siehe Kap. Böden). Da die Wandstärke im allgemeinen sehr klein ist gegenüber dem Zylinderhalbmesser, so begeht man praktisch keinen großen Fehler, wenn man für a den innern Halbmesser setzt. Mit der soeben angeführten Beziehung und Gleichung (10) erhalten wir die bekannte Relation

$$\sigma_a = \frac{\sigma_t}{2} \qquad (11)$$

Man erhält somit nach Gleichungen (4_t) und (4_a) für die reduzierten Spannungen ($\sigma_r = 0$)

$$\sigma_{t\,\mathrm{red}} = \sigma_t - \nu\,\sigma_a = 0{,}85 \cdot \sigma_t \qquad (12)$$

$$\sigma_{a\,\mathrm{red}} = \sigma_a - \nu\,\sigma_t = 0{,}2\,\sigma_t = 0{,}4\,\sigma_a \qquad (12\,\mathrm{a})$$

Da wir unter Zuhilfenahme von Dehnungsmessern die Dehnungen und damit die reduzierten Spannungen an Gefäßen gemessen haben, ist es angezeigt, die beiden Gleichungen (12) und (12 a) in ihrer allgemeinen Form nach σ_t und σ_a aufzulösen. Es ist

$$\left.\begin{aligned} \sigma_t &= \frac{\sigma_{t\,\mathrm{red}} + \nu\,\sigma_{a\,\mathrm{red}}}{1 - \nu^2} \\ \sigma_a &= \frac{\sigma_{a\,\mathrm{red}} + \nu\,\sigma_{t\,\mathrm{red}}}{1 - \nu^2} \end{aligned}\right\} \qquad (12\,\mathrm{b})$$

woraus bei gegebenen red. Spannungen die Spannungen selbst berechnet werden können.

b. Allgemeine Betrachtung der Gleichungen.

Zur Untersuchung auf Bruchgefahr kann die Gleichung (6_t) benützt werden, wenn die größte Spannung maßgebend sein soll (Spannungshypothese). Erblickt man die Gefahr in der größten Dehnung, so wird man die Gleichungen (7_t) bezw. (8_t) anwenden (Dehnungshypothese), wobei daran zu erinnern ist, daß der Einfluß der achsialen Spannung σ_a in Gleichung (7_t) vernachlässigt wird. Da die Kessel und Behälter stets durch Böden abgeschlossen sind, darf von der Berücksichtigung der Achsialspannung nicht Umgang genommen werden. Es fallen somit die Formeln (7_r), (7_t) außer Betracht. Den größten Wert erhalten wir, wenn in den Gleichungen $r = a$ (Innenseite) gesetzt wird.

Um den Spannungsanstieg nach der Innenseite der Zylinderwand zu veranschaulichen, wurden für einen dickwandigen Hohlzylinder mit den Abmessungen

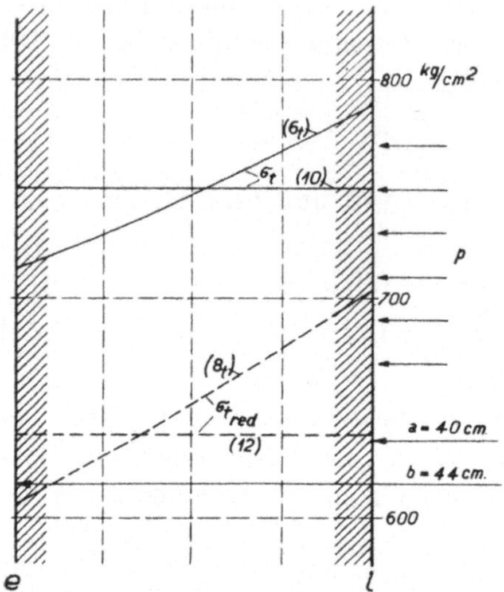

Abb. 63. Verteilung der Ringspannung σ_t und der red. Ringspannung $\sigma_{t\,red}$ im Innern eines dickwandigen Hohlzylinders bei $p = 75$ at. Wandstärke in natürlicher Größe: i Innen-, e Außenseite.

$$a = 40{,}0 \text{ cm}, \quad c = 44{,}0 \text{ cm},$$
$$s = c - a = 4{,}0 \text{ cm},$$
$$\frac{s}{a} = 0{,}1$$

in Abb. 63 für $p = 75$ at. die reduzierten bezw. Tangentialspannungen in Abhängigkeit von r aufgezeichnet, wobei der in Klammer beigefügte Wert auf die Gleichung verweist, welcher der Kurve entspricht.

Spannungshypothese

$$\sigma_t = \frac{r^2 + c^2}{c^2 - a^2} \frac{a^2}{r^2} p \quad \text{(Linie } 6_t\text{)}$$

Dehnungshypothese mit Berücksichtigung der achsialen Spannung:

$$\sigma_{t\,\text{red}} = \frac{0{,}4\, r^2 + 1{,}3\, c^2}{c^2 - a^2} \frac{a^2}{r^2} p \qquad \text{(Linie } 8_t\text{)}$$

Die Radialspannungen σ_r sind in Abb. 63 nicht berücksichtigt. Um ein Bild über ihre Größe zu erhalten genügt es, wenn wir in unserm Beispiel die Werte für den Innen- ($r = a$) und Außenmantel ($r = c$) berechnen. Die Resultate sind in Zahlentafel II^a zusammengestellt.

Zahlentafel II^a. σ_r **und** $\sigma_{r\,\text{red}}$ **an der Innen-** ($r = a = 40{,}0$ cm) **und Außenwand** ($r = c = 44{,}0$ cm) bei $p = 75$ at.
(σ_t und $\sigma_{t\,\text{red}}$ siehe Abb. 63.)

	Formel (6_r)	Zahlenwert kg/cm²	Formel (8_r)	Zahlenwert kg/cm²
Innenwand $r = a$	$\sigma_r = -p$	$\sigma_r = -75$	$\sigma_{r\,\text{red}} = \frac{0{,}4\,a^2 - 1{,}3\,c^2}{c^2 - a^2}\, p$	$\sigma_{r\,\text{red}} = -419$
Außenwand $r = c$	$\sigma_r = 0$	$\sigma_r = 0$	$\sigma_{r\,\text{red}} = -\frac{0{,}9\,a^2}{c^2 - a^2}\, p$	$\sigma_{r\,\text{red}} = -321$

Die aus den verbleibenden Formeln (6_t), (8_t), (10) und (12) berechneten Werte für die größte Spannung zeigen erhebliche Unterschiede. Man beachte, daß (Abb. 63, Kurve 6_t) die Spannung nach der Kesselformel (10) angenähert gleich dem arithmetischen Mittel aus der Spannung am Innen- und Außenmantel nach Gleichung (6_t) ist.

$$\sigma_t \cong \frac{1}{2} (\sigma_{ti} + \sigma_{te}) \tag{13a}$$

Genauer betrachtet, zeigt sich, daß

$$\frac{\int\limits_a^c \sigma_t \, dr}{c - a} = \frac{a}{s} p \tag{13b}$$

worin σ_t durch die Gleichung (6_t) zu ersetzen ist. Es ist somit der Mittelwert der Spannungen aus Gleichung (6_t) gleich dem Spannungswert aus Gleichung (10).

Um ein Maß über die Größe des Spannungsunterschiedes von Innen- und Außenmantel zu erhalten, wollen wir unter Benützung der Gleichung (6_t) die Spannungen innen ($r = a$) und außen ($r = c$) an der Wand eines Hohlzylinders berechnen.

$$\left.\begin{aligned} \sigma_{ti} &= \frac{a^2 + c^2}{c^2 - a^2} p \\ \sigma_{te} &= \frac{2 a^2}{c^2 - a^2} p \end{aligned}\right\} \tag{14a}$$

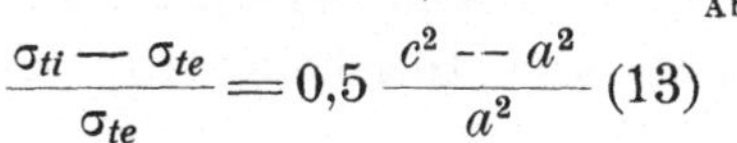

$$\frac{\sigma_{ti} - \sigma_{te}}{\sigma_{te}} = 0{,}5 \frac{c^2 - a^2}{a^2} \tag{13}$$

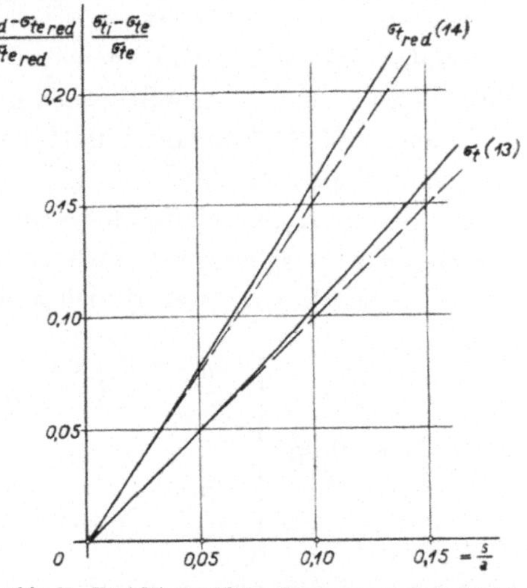

Abb. 64. Verhältnismäßiger Spannungsunterschied in Funktion des Wandstärkenverhältnisses $\frac{s}{a}$.

Berücksichtigen wir hingegen die Gleichung (8_t), so ergibt sich

$$\sigma_{ti\,\mathrm{red}} = \frac{0{,}4\, a^2 + 1{,}3\, c^2}{c^2 - a^2} p, \qquad \sigma_{te\,\mathrm{red}} = \frac{1{,}7\, a^2}{c^2 - a^2} p \tag{14b}$$

$$\frac{\sigma_{ti\,\mathrm{red}} - \sigma_{te\,\mathrm{red}}}{\sigma_{te\,\mathrm{red}}} = 0{,}765 \cdot \frac{c^2 - a^2}{a^2} \qquad (14)$$

Wir tragen das Verhältnis $\frac{\sigma_{ti} - \sigma_{te}}{\sigma_{te}}$ resp. $\frac{\sigma_{ti\,\mathrm{red}} - \sigma_{te\,\mathrm{red}}}{\sigma_{te\,\mathrm{red}}}$ als Ordinate in Abhängigkeit von $s:a$ (Wandstärke : Innenhalbmesser) als Abszisse auf. Wie aus Abb. 64 ersichtlich ist, stehen bis $s:a \simeq 0{,}05$ die Größen praktisch in linearem Zusammenhang. Von $s:a \simeq 0{,}05$ an nimmt die verhältnismäßige Spannungsdifferenz rascher zu. Die reduzierten Spannungen ergeben zudem etwas höhere Werte.

Eine einfache Betrachtung des Neigungswinkels der Tangente im Koordinaten-Nullpunkte 0 an die Kurven zeigt, daß

$$\left.\begin{array}{ll} \text{Spannungen} & \frac{\sigma_{ti} - \sigma_{te}}{\sigma_{te}} \cong \frac{s}{a} \qquad (15) \\ \text{red. Spannungen} & \frac{\sigma_{ti\,\mathrm{red}} - \sigma_{te\,\mathrm{red}}}{\sigma_{te\,\mathrm{red}}} \cong 1{,}5 \cdot \frac{s}{a} \qquad (16) \end{array}\right\} \text{gültig für } \frac{s}{a} \leqq 0{,}05$$

Haben wir ein Gefäß, dessen Verhältnis $s:a$ z. B. 0,04 beträgt, dann ist die verhältnismäßige Differenz der Spannungen an Innen- und Außenmantel 0,04 bezw. $1{,}5 \cdot 0{,}04 = 0{,}06$, d. h. der Spannungsunterschied beträgt 4 % bezw. 6 % von der Spannung, die am Außenmantel herrscht.

Lösen wir die beiden Ausdrücke (13a) und (15) nach σ_{ti} und σ_{te} auf, so erhalten wir zwei Beziehungen:

$$\frac{s}{a} \leqq 0{,}05 \left\{\begin{array}{ll} \sigma_{ti} = 2\left(1 - \frac{1}{2 + \frac{s}{a}}\right)\sigma_t & (17) \\ \sigma_{te} = \frac{1}{1 + \frac{s}{2a}}\,\sigma_t & (18) \end{array}\right.$$

aus denen die Spannungen am Innen- bezw. Außenmantel berechnet werden können, falls die Spannung σ_t nach Gleichung (10) bekannt ist.

Da im Kesselbau das Verhältnis $s:a$ im allgemeinen unter 0,05 liegt, also sehr klein ist, können wir praktisch vom Spannungsunterschied von Innen- und Außenmantel absehen und nach der Kesselformel (10) rechnen. Die Gleichungen (17) und (18) geben genügenden Aufschluß über die Größe der Spannungen an der Innen- und Außenseite, sofern ihre Kenntnis aus besonderen Gründen erwünscht ist. Dabei darf man nicht vergessen, daß sich die theoretischen Formeln auf die Voraussetzung stützen, der Spannungszustand sei in achsialer Richtung des Zylinders konstant. Bei Zylindern, deren Endquerschnitte durch Böden abgeschlossen sind, trifft dies nicht mehr zu, wie aus den Abb. 56 bis 58 zu ersehen ist. Die größte am Zylindermantel auftretende Spannung kann die aus den erwähnten Gleichungen berechnete Spannung um ein Vielfaches übersteigen. Wir werden weiter unten noch darauf zurückkommen.

Je nach der Gleichung, welche der Berechnung zu Grunde gelegt wird, erhalten wir einen anderen Wert für die größte Spannung. In welcher Weise sich diese Werte, welche für die Bemessung der Bruchgefahr in Frage kommen, von einander unterscheiden, soll noch näher erörtert werden. Wir nehmen an, daß die nach der Dehnungshypothese berechnete Spannung maßgebend sei, gehen also von der reduzierten Spannung (Gl. 8_t) aus, indem wir die achsiale Spannung berücksichtigen. In dieser Gleichung setzen wir $r = a$ (Innenwand, maximale Spannung). Als Ordinate $\frac{\Delta\sigma}{\sigma}$ ist in Abb. 65 der Ausdruck $\frac{\sigma_t - \sigma_{t\,\mathrm{red}}}{\sigma_{t\,\mathrm{red}}}$ aufgetragen, wobei σ_t der Reihe nach aus Gleichung (6_t), (7_t) und (10) ermittelt wird. Die verhältnismäßigen Abweichungen $\frac{\Delta\sigma}{\sigma}$ betragen, wie aus Abb. 65 hervorgeht, für die im Kesselbau auftretenden Werte von $s:a$ (s höchstens $0{,}05\,a$) 16,5 % für Gleichung (7_t), 14,5 % für Gleichung (6_t) und 11,5 % für Gleichung

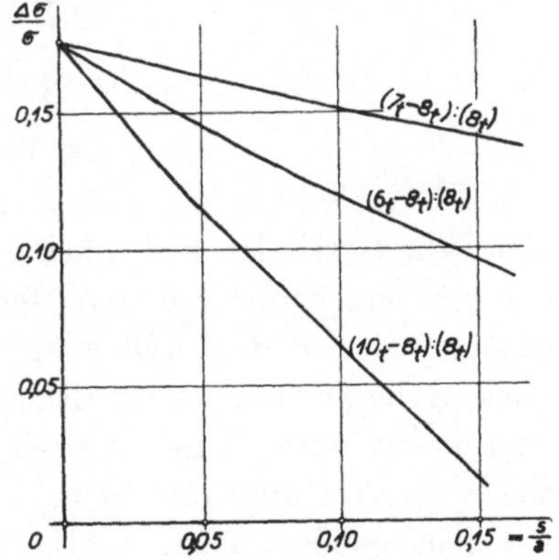

Abb. 65. Verhältnismäßige Abweichung der größten Spannung bezüglich der reduzierten Spannung in Abhängigkeit von $s:a$.

(10), d. h. diese Gleichungen ergeben für die größte Spannung Werte, die im Vergleich zu dem Wert, welcher aus Gleichung (8_t) folgt, im Mittel 14 % größer ausfallen. Bei der Anwendung der Formeln muß man sich stets ihren Charakter und die Voraussetzungen, auf denen sie aufgebaut sind, vergegenwärtigen.

In der praktischen Berechnung der Blechdicke wird aus Gründen der Sicherheit für die zulässige Beanspruchung gesetzt

$$\sigma_z = \frac{K}{x} z \tag{19}$$

wobei $x = 4$ bis 4,75 der Sicherheitsgrad und z der Gütegrad ist.

Löst man z. B. Gleichung (10) nach s auf und setzt an Stelle von σ_t die zulässige Beanspruchung, so erhält man

$$s = \frac{a}{\sigma_z} p + C = \frac{a\,x}{K\,z} p + C \tag{20}$$

Mit der additiven Konstanten C (üblich $C = 0{,}1$ cm) soll die Abrostungsmöglichkeit berücksichtigt werden.

In Gleichung (20) erkennen wir die bekannte Formel der Hamburger Normen[1] für die Berechnung der Blechdicke zylindrischer Dampfkesselwandungen.

31. Böden.

a. Einleitung.

Die Ableitung der soeben erläuterten Formeln zur Berechnung von Zylinderschalen bietet keine besondere Schwierigkeit. Wesentlich größere Anforderungen stellt dagegen die theoretische Untersuchung der Böden. Obwohl im Kesselbau der Mangel an Einblick in die Festigkeitsverhältnisse von gekrempten Böden besonders empfunden wird, fehlen unseres Wissens bisher experimentelle und theoretische Untersuchungen, die genügenden Aufschluß über das Problem geben. Wie wichtig aber das Verhalten der Böden ist, geht allein schon aus der Zahl der Explosionen oder schweren Schäden hervor, die auf Krempenbrüche zurückzuführen sind; die letztern bilden eine überall beobachtete Erscheinung.

[1] Grundsätze für die Berechnung der Materialdicken neuer Dampfkessel (Hamburger Normen 1905). Boysen & Maasch, Hamburg.

In der Einführung haben wir gezeigt, daß der Zylinder eine Rotationsfläche ist. Auch die Mittelfläche des Bodens ist eine Rotationsfläche, die durch Drehen einer Meridiankurve um die z-Achse erzeugt wird. Die Form des Bodens ist somit durch das Gesetz seiner Meridiankurve bedingt. Nur solche Böden sollten verwendet werden, deren Meridiankurven einen stetigen Uebergang von Boden und Zylinderschale gewährleisten. Dieser Uebergang muß durch einen möglichst großen Krümmungsradius (Krempenradius) vermittelt werden, um einen erheblichen Spannungsanstieg in der Krempe zu vermeiden.

Die theoretisch einfachste Bodenform, welche diese beiden wichtigen Bedingungen erfüllt, ist die Halbkugel, die jedoch praktisch nicht besonders leicht hergestellt werden kann (Pressen). Die Meridiankurve des ebenen und des korbbogenförmigen Bodens setzt sich aus zwei Aesten zusammen. Der eine Ast bildet die Erzeugende des mittleren Bodenteils (Gerade oder Kreisbogenstück), währenddem der anschließende Ast (Kreisbogenstück mit kleinerem Halbmesser) die Meridiankurve der Krempe darstellt. Der Krümmungsradius ändert sich somit sprungweise (z. B. im Falle des Bodens VII ist $R_1 = 160{,}0$ cm, $R_2 = 3{,}3$ cm). Beim elliptischen Boden hingegen enthält das Gesetz der Meridiankurve (Ellipse) die Form des eigentlichen Bodens und der Krempe.

Eine Reihe von Arbeiten beschäftigen sich mit der angenäherten Berechnung gewölbter Böden ohne Krempe[1, 2]. Für die genaue Berechnung der Ringflächen (Torus), Kugel- und Kegelschalen hat Prof. Dr. Meißner (Zürich) die allgemeine Lösung des Problems angegeben. Gestützt auf die in seiner Arbeit[3] niedergelegten Ergebnisse wurden eingehende Untersuchungen der Ringflächen-,[4]

---

[1] Schüle W., Festigkeit und Elastizität gewölbter Platten (Kesselböden). Dinglers Polyt. Journal 1900, S. 661.

[2] Keller H., Berechnung gewölbter Platten, V. d. I. Forschungsarbeiten Heft 124.

[3] Meißner E., Das Elastizitätsproblem für dünne Schalen von Ringflächen-, Kugel- oder Kegelform. Phys. Zeitschrift 1914.

[4] Wißler H., Festigkeitsberechnung von Ringflächenschalen, 1916. Orell-Füßli, Zürich.

Kugel-[1] und Kegelschalen[2] durchgeführt, auf Grund derer wir in der Lage sind, auch die Böden mit Krempen einer genauen Festigkeitsbetrachtung zu unterziehen. Wir müssen uns mit dem Hinweis auf diese Studien begnügen, da ein näheres Eintreten auf diese Arbeiten im Rahmen dieses Berichtes zu weit führen würde.

Um jedoch einigen Einblick in die Festigkeit der Böden zu erlangen, wollen wir auf Grund der Theorie der dünnwandigen Gefäße, die von der Berücksichtigung der Biegungsspannungen und Schubspannungen absieht, versuchen, die wesentlichsten Eigenschaften abzuleiten.

b. Elliptischer Boden.

Aus der Schale eines dünnwandigen Gefäßes, dessen Mantelflächen Rotationsflächen sind, schneiden wir (Abb. 66) ein Wandelement heraus und bringen an den Schnittflächen die Spannungen an. Es ist

p der in allen Punkten der Gefäßwand normalstehende konstante Druck (kg/cm²).

p_B zulässiger Betriebsdruck nach den Hamburger Normen:

$$p_B = \frac{2\, s\, \sigma_B}{R}.$$

s die konstante Wanddicke (cm).

m die Meridiankurve der Mittelfläche.

P ein beliebiger Punkt der Meridiankurve.

r, z seine rechtwinkligen Koordinaten inbezug des Achsenkreuzes $M—O—N$.

R_m der Krümmungsradius im Punkte P des Meridianschnittes, d. h. der Meridiankurve (cm).

ρ der Krümmungsradius in der Krempe der Meridiankurve (R_m für $r = a$) (cm).

R der Krümmungsradius im Scheitel M der Meridiankurve (R_m für $r = 0$) (cm).

R_u der Krümmungsradius in der Schnittebene normal zur Meridianebene des Punktes P (cm).

---

[1] Bolle L., Festigkeitsberechnung von Kugelschalen. Diss. 1916. Orell-Füßli, Zürich. — Keller H., Berechnung gewölbter Platten. Auszug aus der Bolleschen Arbeit. 1922. Teubner, Leipzig.

[2] Dubois, Ueber die Festigkeit der Kegelschale. Diss. Zürich 1917.

R_1 der Krümmungsradius im Scheitel des Innenmantels der Rotationsfläche (cm).

R_2 der Krümmungsradius der Krempe des Innenmantels der Rotationsfläche (cm).

σ_u die Hauptspannung in Richtung der Tangente des Parallelkreises (Ring- oder Umfangspannung, kg/cm²).

σ_m die Hauptspannung in Richtung der Tangente an die Meridiankurve (Meridianspannung, kg/cm²).

σ_B zulässige Beanspruchung (nach den Hamburger Normen $\sigma_B = 650$ kg/cm² für Flußeisen).

σ_K zulässige Beanspruchung in der Krempe (z. B. $\sigma_K = 1200$ kg/cm² für Flußeisen).

a, b die große (Bodenhalbmesser) bezw. kleine Achse (Bodentiefe) des Rotations-Ellipsoides bezw. elliptischen Bodens (cm).

d innerer Bodendurchmesser: $d = 2\,a - s$ (cm).

Die Seitenflächen des Elementes werden gebildet durch die beiden Meridianebenen (Ebenen, welche durch die Rotationsachse gehen). Sie schließen den Winkel $\delta\,\varphi$ miteinander ein. Die obere und untere Abschlußfläche gehören den Mänteln der Normalenkegel (Kegel, deren Mantellinien senkrecht zur Gefäßoberfläche stehen) mit den Spitzen S_1 und S_2 an.

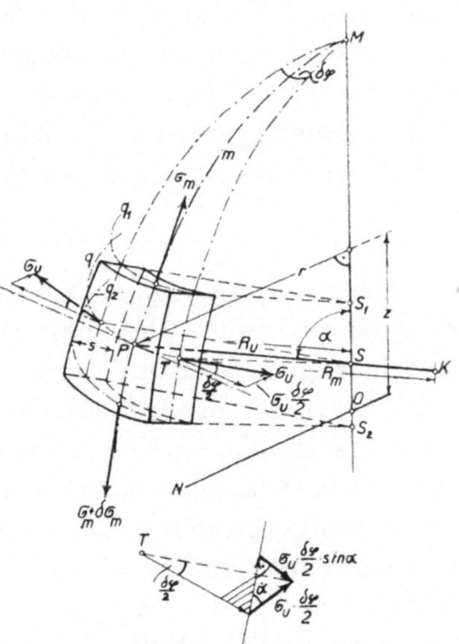

Abb. 66. Wandelement einer dünnwandigen Rotations-Schale.

Die untere Abbildung stellt die Zerlegung von $\left(\sigma_u \dfrac{\delta\,\varphi}{2}\right)$ dar, zwecks Bestimmung der Komponente senkrecht zur Schalenmittelfläche: $\left(\sigma_u \dfrac{\delta\,\varphi}{2} \cdot \sin\alpha\right)$.

Mit der Voraussetzung, daß der konstante Innendruck p in allen Punkten zur Gefäßwand normal stehe, werden im Falle der Rotationsfläche die Schubspannungen in den betrachteten Begrenzungsflächen gleich 0, d. h. diese sind Hauptschnitte und die Spannungen σ_m und σ_u Hauptspannungen.

Formulieren wir die Gleichgewichtsbedingung für die senkrechte Richtung zur Mittelfläche des Elementes (Abb. 66), so erhält man die bekannte Gleichung

$$\frac{\sigma_m}{R_m} + \frac{\sigma_u}{R_u} = \frac{p}{s} \tag{21}$$

Der Krümmungsradius R_m im Punkt (r, z) des Meridianschnittes kann durch die Relation

$$R_m = \frac{(1 + z'^2)^{\frac{3}{2}}}{z''} \tag{22a}$$

ermittelt werden, wenn die Gleichung der Meridiankurve $z = f(r)$ gegeben ist. Hierin ist $z' = \frac{dz}{dr}$ bezw. $z'' = \frac{d^2 z}{dr^2} = \frac{d}{dr}\left(\frac{dz}{dr}\right)$ die erste bezw. zweite Ableitung der Funktion $f(r)$.

Die Flächennormalen n in den Punkten des Parallelkreises q (letzterer parallel zu q_1 und q_2) umhüllen einen geraden Kreiskegel, dessen Spitze S in der Rotationsachse gelegen ist.

Diese Kegelspitze ist Krümmungsmittelpunkt des zur Meridianebene normalen Hauptschnittes, d. h. es ist $\overline{PS} = R_u$ der zweite Hauptkrümmungsradius. Schließt die Flächennormale n des Punktes P mit der Rotationsachse den Winkel α ein, so ist nach Abb. 67

$$R_u = \frac{r}{\sin \alpha} \tag{22 b}$$

Um den Spannungszustand vollständig zu bestimmen, benötigen wir noch eine zweite Gleichung. Wir denken uns zu diesem Zwecke die Schale längs des Parallelkreises q der Mittelfläche aufgeschnitten und bringen an der Schnittfläche von der Breite s, die der Mantelfläche des erwähnten Normalkegels (mit dem halben Oeffnungswinkel α) angehört, die konstante Spannung σ_m an. Aus der Gleichgewichtsbedingung (in der Achsenrichtung) $\pi r^2 p = (2 \pi r s \sigma_m) \sin \alpha$ für den abgetrennten glockenförmigen Teil der Schale ergibt die zweite Spannungsgleichung (siehe Abb. 67)

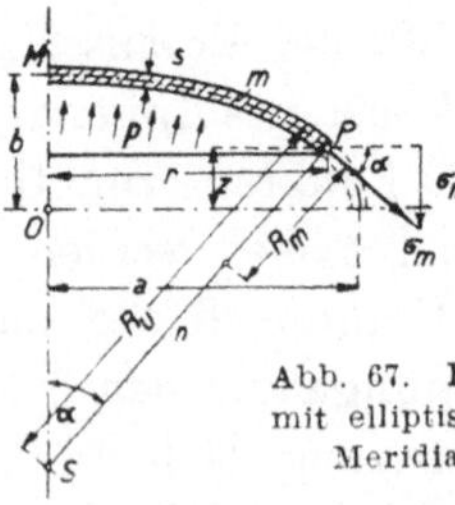

Abb. 67. Boden mit elliptischem Meridian.

$$\sigma_m = \frac{p}{2 s} \cdot \frac{r}{\sin \alpha} \tag{23}$$

Berücksichtigt man in dieser Gleichung die Beziehung (22 b) und löst Gleichung (21) nach σ_u auf, nachdem σ_m eliminiert wurde, so wird

$$\sigma_m = \frac{R_u}{2} \cdot \frac{p}{s} \tag{23 a}$$

$$\sigma_u = R_u \left(1 - \frac{1}{2} \frac{R_u}{R_m}\right) \frac{p}{s} \tag{23 b}$$

Aus Gleichung (23 b) geht hervor, daß in dem Parallelkreise der Schalenmittelfläche $\sigma_u = 0$ wird, für den

$$R_u = 2\, R_m \tag{24}$$

ist. Nimmt R_m mit wachsendem Winkel α weiter ab, d. h. $R_u > 2\, R_m$, so wird σ_u negativ. Es tritt bei der Deformation eine Verkürzung der Parallelkreise ein und die zugehörige Schalenzone rückt gegen die Rotationsachse. Diese Erscheinung findet ihre Erklärung darin, daß die Schale das Bestreben hat, in die Kugelform überzugehen.

Mit den angeführten Gleichungen kann der Spannungszustand bei gegebener Meridiankurve untersucht werden.

Da die Ellipse als Meridiankurve in Form der mathematischen Gleichung bekannt ist und zudem als Bodengestalt die erforderlichen Eigenschaften aufweist, so soll das Rotationsellipsoid einer näheren Betrachtung unterzogen werden. Dabei ist wohl zu beachten, daß außer den Voraussetzungen, auf denen die Theorie der dünnwandigen Gefäße fußt, der Spannungszustand des Bodens auch durch Anschluß des Zylinders beeinflußt wird. Sehen wir hingegen vom Zylinder und seinen Einwirkungen ab, so liegen im Falle des Rotationsellipsoides und des gewölbten Bodens mit Krempe ähnliche Verhältnisse vor, die vermuten lassen, daß die beiden Schalen hinsichtlich Festigkeit analoge Eigenschaften aufweisen. Inwieweit sich die Folgerungen, die wir beim Rotationsellipsoid ableiten, auf den gewölbten Boden und im besondern auf den elliptischen Boden übertragen lassen, soll an Hand der Ergebnisse experimenteller Untersuchungen noch näher betrachtet werden.

Wir schneiden das Rotationsellipsoid mit einer Ebene durch die große Ellipsenachse senkrecht zur Rotationsachse in zwei Hälften. In Abb. 67 ist der Meridianschnitt dargestellt. Die Meridiankurve genügt der Gleichung

$$\frac{r^2}{a^2} + \frac{z^2}{b^2} = 1 \tag{25}$$

worin a bezw. b die Länge der großen bezw. kleinen Ellipsenhalbachse ist. Löst man die Gleichung nach z auf, bildet die erste und zweite Ableitung nach r und berücksichtigt, daß $\operatorname{tg} \alpha = -\frac{dz}{dr}$, $\sin \alpha = \frac{\operatorname{tg} \alpha}{\sqrt{1 + \operatorname{tg}^2 \alpha}}$ ist, so ergibt sich, abgesehen vom Vorzeichen,

$$R_m = \frac{(a^4 z^2 + b^4 r^2)^{\frac{3}{2}}}{a^4 b^4} \tag{26 a}$$

$$R_u = \frac{(a^4 z^2 + b^4 r^2)^{\frac{1}{2}}}{b^2} \tag{26 b}$$

und nach Gleichung (23a) und (23b) für die Hauptspannungen

$$\sigma_m = \frac{(a^4 z^2 + b^4 r^2)^{\frac{1}{2}}}{2 b^2} \cdot \frac{p}{s} \tag{27 a}$$

$$\sigma_u = \frac{(a^4 z^2 + b^4 r^2)^{\frac{1}{2}}}{b^2} \left[1 - \frac{1}{2} \frac{a^4 b^2}{a^4 z^2 + b r^2}\right] \frac{p}{s} \tag{27 b}$$

Setzt man in Gleichung (27b) $\sigma_u = 0$, so wird der zugehörige Radius

$$\sigma_u = 0 \qquad r = \frac{a^2}{\sqrt{2(a^2 - b^2)}} \tag{28}$$

Im Falle, daß $a = b = R$ ist, nimmt das Ellipsoid die Form der Kugel an und wir erhalten mit $r^2 + z^2 = a^2$

$$\text{Kugel} \qquad \sigma_m = \sigma_u = \frac{R}{2s} p \tag{29}$$

Eliminiert man in den Gleichungen (27a) und (27b) z mit Hilfe der Gleichung (25) und setzt $r = a$, $b = \infty$, d. h. geht das Ellipsoid in den Zylinder über, so wird

Zylinder

$$\sigma_m = \frac{a}{2s} p \tag{30 a}$$

$$\sigma_u = \frac{a}{s} p \tag{30 b}$$

In Gleichung (30b) erkennen wir die schon mehrfach erwähnte Kesselformel. Diese ist also ein spezieller Fall der geschlossenen, dünnwandigen Schale. Den Gleichungen des Rotationsellipsoides kommt für die Berechnung der Blechdicke elliptischer Böden die gleiche praktische Bedeutung zu, wie der Kesselformel für die Berechnung der Blechdicke zylindrischer Kesselwandungen. Beide Gleichungsgruppen basieren auf der gleichen theoretischen Grundlage, und ihre Anwendung ist an die gleichen Voraussetzungen geknüpft.

Da der Spannungsverlauf für verschiedene Achsenverhältnisse $k = \frac{a}{b}$ von Interesse ist, setzen wir $b = \frac{a}{k}$, womit Gleichung (27a), (27b) und (28) mit Berücksichtigung von Gleichung (25) die Form annehmen

$$\sigma_m = \frac{1}{2} \left[(a k)^2 + r^2 (1 - k^2)\right]^{\frac{1}{2}} \frac{p}{s} \tag{31 a}$$

$$\sigma_u = \left[(a k)^2 + r^2 (1 - k^2)\right]^{\frac{1}{2}} \left[1 - \frac{1}{2} \frac{a^2}{a^2 + r^2 \left(\frac{1}{k^2} - 1\right)}\right] \frac{p}{s} \tag{31 b}$$

$$r = \frac{a}{\sqrt{2\left(1 - \frac{1}{k^2}\right)}} \tag{32}$$

Die größte Spannung tritt im Parallelkreise $r = a$ auf (Abb. 67). Die Gleichungen (31 a) und (31 b) ergeben für

$$r = a \begin{cases} \sigma_{max} = \sigma_u = \frac{a}{s} \left(1 - \frac{1}{2} k^2\right) p & (33) \\ \sigma_m = \frac{a}{2s} \cdot p & (34) \end{cases}$$

Im Scheitel des Ellipsoides wird

$$r = 0 \qquad \sigma_u = \sigma_m = \frac{a \cdot k}{2s} \cdot p \tag{35}$$

Eliminieren wir in dieser Gleichung $a k$ durch den Ausdruck

$$R = a \cdot k = \frac{a^2}{b} \tag{36}$$

so erhalten wir die Gleichung (29) der Kugel, wo R der Krümmungsradius im Scheitel des elliptischen Bodens ist. Außerdem setzen wir für $\sigma_m = \sigma_u = \sigma_B$, wobei σ_B die zulässige Belastung in kg/cm² bedeutet. Nach der Wandstärke s aufgelöst, lautet die Gleichung (35)

$$s = \frac{R}{2\,\sigma_B}\,p_B \tag{37}$$

$$p_B = \frac{2\,s\,\sigma_B}{R} \tag{38}$$

Diese Gleichungen sind den Grundsätzen der Hamburger Normen für die Berechnung der Blechdicke gewölbter Böden zu Grunde gelegt.

Setzt man in den Gleichungen (33) und (35) für $k = 2$, so wird die Umfangsspannung gleich der Spannung im Scheitel. Praktisch gesprochen ist für dieses Verhältnis die Bodentiefe $^1/_4$ des Bodendurchmessers.

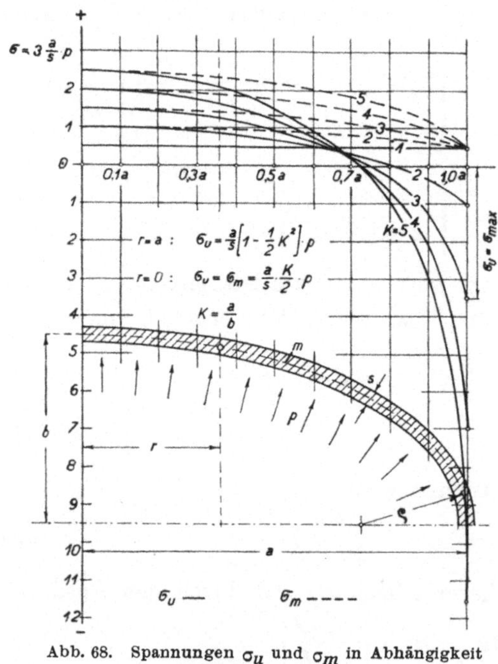

Abb. 68. Spannungen σ_u und σ_m in Abhängigkeit des Halbmessers r

In Abb. 68 sind die Hauptspannungen σ_u und σ_m in Abhängigkeit von r für verschiedene Achsenverhältnisse $k = 1$ bis 5 dargestellt. Der Verlauf der Spannungskurven zeigt deutlich, daß mit zunehmenden k die größte Spannung rasch wächst. In Anlehnung an die praktische Bedeutung bezeichnen wir mit ρ den Krümmungsradius der Krempe (d. h. ihrer Mittelfläche)

$$\rho = (R_m)_{r=a} = \frac{b^2}{a} = \frac{a}{k^2} \tag{39}$$

In Abb. 69 wurde an Hand der Formel 35 der Krempenradius und die größte Spannung in Abhängigkeit von k aufgetragen.

Um den Einfluß der Krempenkrümmnng auf die Umfangsspannung noch klarer zu veranschaulichen, wurde in Abb. 70

nochmals $\sigma_{u\,\max}$ als Funktion von ρ aufgezeichnet, wobei ρ in Bruchteilen von a ausgedrückt ist (z. B. $\rho = 0{,}3\,a$, $k = \sqrt{a : 0{,}3\,a} = \sqrt{3{,}33} = 1{,}83$).

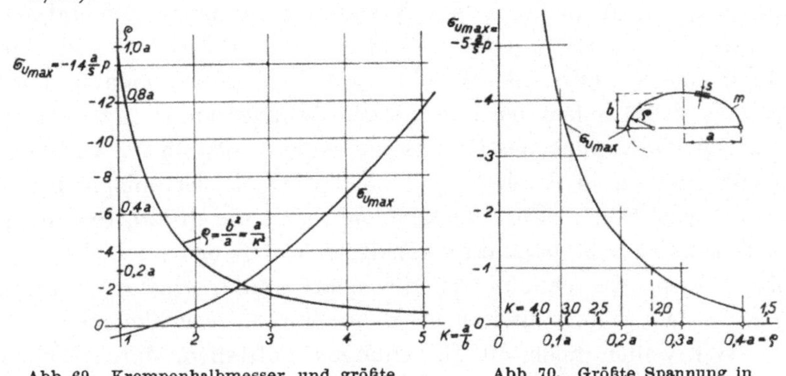

Abb. 69. Krempenhalbmesser und größte Spannung in Abhängigkeit von $k = \frac{a}{b}$

Abb. 70. Größte Spannung in Abhängigkeit des Krempenhalbmessers.

Der asymptotische Anstieg von $\sigma_{u\,\max}$ mit abnehmendem Krümmungsradius weist deutlich genug auf den Einfluß kleiner Krempenradien hin.

Im Hinblick auf die Herstellung elliptischer Böden (man beachte die gestrichelten Ordinaten in Abb. 70) erscheint das praktisch am besten geeignete Achsenverhältnis

$$k = \frac{a}{b} \sim 2 \tag{40}$$

zu sein, welches einen Krempenradius

$$\rho = 0{,}25\,a \tag{41}$$

bedingt. Ein Achsenverhältnis $k < 2$ hat eine Abnahme der Umfangsspannung zur Folge. Hingegen würde ein solcher Boden zu tief ausfallen, was für das Pressen der Böden nicht erwünscht ist. Wird $k > 2$, so tritt mit der Abplattung des Ellipsoides eine verhältnismäßig rasche Abnahme von ρ ein (Abb. 68), was einen steilen Spannungsanstieg (Abb. 69) bewirkt.

Bei den bis dahin üblichen Bodenformen ist in vielen Fällen ρ *rd.* $0{,}1\,a$. Für das zugehörige Ellipsoid würde die Spannung, wie aus Abb. 70 hervorgeht, *rd.* 4mal größer sein, als in dem Falle, wo $\rho = 0{,}25\,a$ ist. Dieses Resultat auf den elliptischen

Böden übertragen, deckt sich auch mit den Ergebnissen unserer Versuche, und den Beobachtungen von Bach.[1]

Aus Abb. 68 entnehmen wir, daß für $k < 2$ die größte Spannung nicht mehr in der Krempe, sondern im Scheitel des Rotationsellipsoides auftritt. Dient der elliptische Boden als Abschluß eines zylindrischen Gefäßes, so trifft diese Erscheinung auch für $k \gtrsim 2$ zu, indem der angrenzende Zylinder unter dem inneren Druck p die Krempe des Bodens aufweitet, wodurch die wirkliche Druckspannung in der Krempe kleiner wird als der entsprechende theoretische Wert. Der Umstand, daß sich die größte Spannung des Bodens im Scheitelpunkt einstellt, ist von besonderer Bedeutung, falls sich die Berechnung der Blechstärke auf Formel (37) stützt. Wir werden weiter unten noch näher darauf zurückkommen.

Wir wollen noch die Beziehungen aufstellen, durch welche die Hauptspannungen mit den reduzierten Spannungen verknüpft sind. Zu diesem Zwecke ersetzen wir in Gleichung (12a) und (12) die Fußnote $_a$ bezw. $_t$ durch $_m$ bezw. $_u$, da der achsialen bezw. tangentialen Richtung der zylindrischen Schale diejenige von Meridian und Umfang der Bodenschale bezw. der Richtung der betreffenden Tangente entspricht. Es ist somit

$$\begin{aligned} \sigma_{m\,\mathrm{red}} &= \sigma_m - \nu\sigma_u \\ \sigma_{u\,\mathrm{red}} &= \sigma_u - \nu\sigma_m \end{aligned} \qquad (42)$$

In analoger Weise folgt aus den Gleichungen (12b)

$$\begin{aligned} \sigma_m &= \frac{\sigma_{m\,\mathrm{red}} + \nu\sigma_{u\,\mathrm{red}}}{1 - \nu^2} \\ \sigma_u &= \frac{\sigma_{u\,\mathrm{red}} + \nu\sigma_{m\,\mathrm{red}}}{1 - \nu^2} \end{aligned} \qquad (43)$$

wobei wir wiederholen, daß nach der Theorie dünnwandiger Gefäße von der Berücksichtigung der radialen Spannung abgesehen wird.

c. Die zulässige Beanspruchung und der Einfluß des Krempenhalbmessers.

Die übliche Berechnung der Blechdicke gewölbter Böden stützt sich auf die Formel (29) bezw. (37)

$$s = \frac{R}{2\,\sigma_B} p_B \qquad (37)$$

[1] C. Bach, Kurze Mitteilung über Versuche mit gewölbten Böden usw. V. d. I. 1923, S. 1113.

worin σ_B die zulässige Spannung im Scheitel der Kugel ist. Von den Abmessungen des Bodens wird einzig der Krümmungsradius R der mittleren Wölbung in Rechnung gesetzt, indem man annimmt, der mittlere Teil sei ein Stück der Kugelschale.

Die erwähnte Gleichung ist nur für den Scheitelpunkt des Bodens gültig, selbst dann, wenn der mittlere Teil tatsächlich als

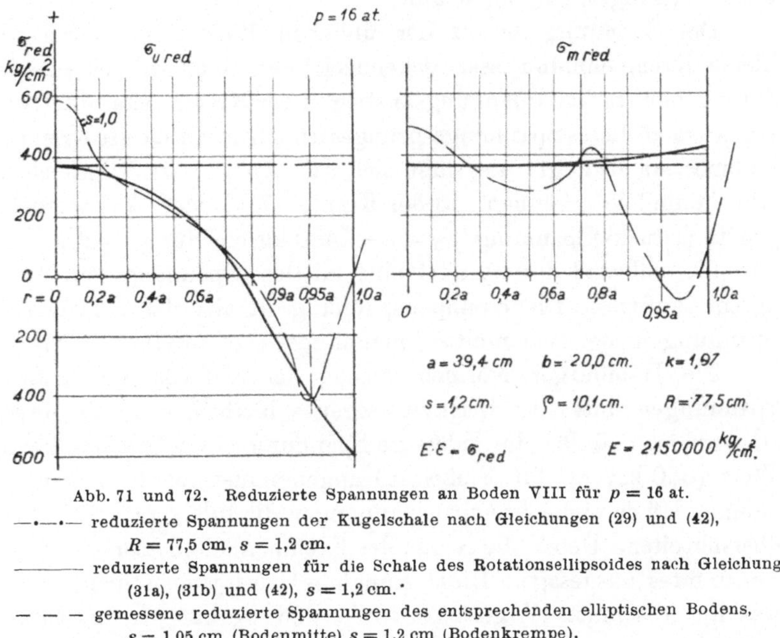

Abb. 71 und 72. Reduzierte Spannungen an Boden VIII für $p = 16$ at.
—·—·— reduzierte Spannungen der Kugelschale nach Gleichungen (29) und (42), $R = 77{,}5$ cm, $s = 1{,}2$ cm.
———— reduzierte Spannungen für die Schale des Rotationsellipsoides nach Gleichung (31a), (31b) und (42), $s = 1{,}2$ cm.
— — — gemessene reduzierte Spannungen des entsprechenden elliptischen Bodens, $s = 1{,}05$ cm (Bodenmitte) $s = 1{,}2$ cm (Bodenkrempe).

Kugelhaube ausgeführt ist. Aus der Spannungsgleichung (29) geht hervor, daß für alle Punkte der Kugelschale die Spannungen σ_m und σ_u gleich groß und konstant sind. Je weiter wir uns von der Bodenmitte entfernen, um so mehr weicht der wirkliche Spannungsverlauf von dem der Kugel ab. In Abb. 71 und 72 wurde der durch Messung festgestellte Spannungsverlauf des elliptischen Bodens VIII aus Abb. 58 für $p = 16$ at. übernommen. In der gleichen Abbildung ist der gerechnete Spannungsverlauf (reduzierte Spannungen) gemäß Gleichungen (29) bezw. (31a), (31b) und (42) der Kugel vom gleichen Wölbungshalbmesser $R = 77{,}5$ cm und des dem Boden

VIII entsprechenden Rotationsellipsoides eingezeichnet. Die Verschiedenheit des Spannungszustandes der Kugel und der übrigen beiden Spannungszustände geht daraus deutlich hervor. Außer der Veränderlichkeit der Spannungen von Punkt zu Punkt treten beim Boden, der als Abschluß eines zylindrischen Gefäßes dient, im Uebergange von der mittleren Wölbung zum zylindrischen Teil noch Biegungsspannungen auf.

Der Spannungsverlauf der üblichen Böden, die durch sehr kleine Krempenhalbmesser gekennzeichnet sind, ist insbesondere durch einen starken Spannungsanstieg in der Krempe charakterisiert. Das Ausmaß dieses Spannungssprunges ist von der Größe des Krempenhalbmessers bedingt; dies läßt sich aus Abb. 57 im Vergleich mit Abb. 56 und 58 erkennen. In der Krempe des Bodens VII wurde die größte (Druck-)Spannung $\sigma_m = -1490$ kg/cm^2 für $p = 8$ at. festgestellt, während der Scheitel eine mittlere Spannung von $+540$ kg/cm^2 aufwies. Die Krempenspannung ist also das 2,7fache der Spannung in der Bodenmitte (Spannungswerte absolut genommen).

Die Hamburger Normen suchen der Anforderung, daß die Spannungen unter der Elastizitätsgrenze bleiben, dadurch gerecht zu werden, daß für die zulässige Spannung ein möglichst kleiner Wert (650 kg/cm^2 für Flußeisen) angenommen wird, in der Annahme, daß dann die Krempenspannungen die zulässige Grenze nicht überschreiten. Ueber die Größe des Krempenhalbmessers ist nichts Bestimmtes ausgesagt. Diese Annahme wird jedoch nicht erfüllt, was im Abschnitt IV gezeigt wurde und worauf wir in Kap. 32 zurückkommen.

Die unbefriedigende Vorschrift eines starren Wertes für die zulässige Spannung σ_B kann umgangen werden, sobald die Berechnung von s auf eine Gleichung abstellt, die außer R und die größte zulässige Materialbeanspruchung $\sigma_{\max}$, auch die übrigen Abmessungen a und ρ direkt berücksichtigt. Solche Gleichungnn weisen aber eine komplizierte Struktur auf (s. Gleichung 46). Da die bisherige Berechnung der Wandstärke s dem Konstrukteur, infolge der einfachen Gestalt der Formel (37), besonders zusagt, so ist die Frage zu lösen: Wie groß muß die zulässige Spannung σ_B im Bodenscheitel bei gegebenem Krempenradius ρ gewählt werden, damit an keiner Stelle des Bodens (Krempe) die höchste zulässige Materialbeanspruchung $\sigma_{\max}$ (900—1200 kg/cm²) überschritten wird? Da hierüber nähere Angaben nicht bekannt sind, wollen wir in Anlehnung an die Schale des Rotationsellipsoides die Beziehung von Krempenhalbmesser und größter Spannung untersuchen, um ein Bild über dieses Gesetz für die üblichen Bodenformen zu gewinnen.

Das Verhältnis der Beanspruchung im Scheitel zu der größeren Spannung in der Krempe ist beim Ellipsoid ($k > 2$) nach den Gleichungen (33) und (35) $\sigma_B : \sigma_{\max} = \frac{k}{2} : \left(1 - \frac{1}{2} k^2\right)$, wobei σ_B gleichbedeutend mit $\sigma_m = \sigma_u$ im Scheitel ist. Unter Berücksichtigung, daß $k = \frac{a}{b}$ und $\rho = \frac{b^2}{a}$ geht diese Beziehung in die Form über

$$\frac{\sigma_B}{\sigma_{\max}} = \frac{\sqrt{a\,\rho}}{2\,\rho - a} \tag{44}$$

Damit an keiner Stelle der Schale eine Beanspruchung auftritt, die eine bleibende Formänderung zur Folge haben könnte, setzen wir für die größte Spannung $\sigma_{\max} = -900$ bis 1200 kg/cm². Die zulässige Beanspruchung ist nun im Scheitel bei gegebenem Krempenhalbmesser und Bodendurchmesser $2a$ gesetzmäßig festgelegt. Nach Gleichung (44) wird

$$\sigma_B = -900 \frac{\sqrt{a\,\rho}}{2\,\rho - a} \text{ bis } -1200 \frac{\sqrt{a\,\rho}}{2\,\rho - a} \tag{45}$$

Dieses Gesetz ist in Abb. 73 (Kurve 1) aufgezeichnet (für $\sigma_{\max} = -1200$ kg/cm²)

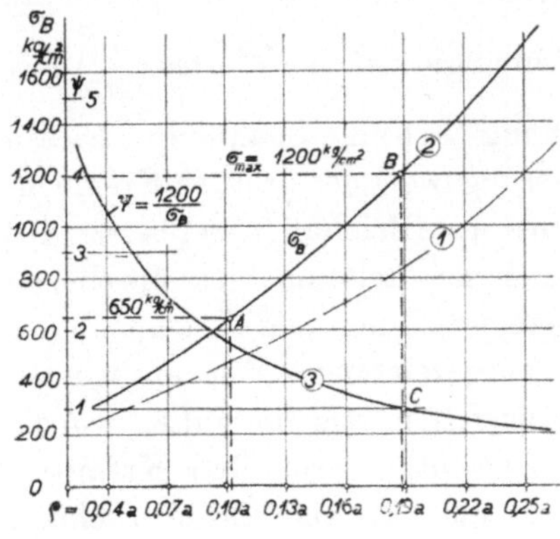

Abb. 73.
Zulässige Beanspruchung σ_B im Bodenscheitel für eine größte zulässige Materialbeanspruchung von 1200 kg/cm² in Abhängigkeit des Krempenradius ρ.
(1) Elliptische Schale (ohne Zylinder).
(2) Elliptischer Kesselboden (mit Zylinder).
(3) ψ Verhältnis der größten Krempenspannung (1200 kg/cm²) und zulässiger Beanspruchung σ_B.
ρ Krempenradius der Bodenmittelfläche.
a Größter Halbmesser der Bodenmittelfläche.

Für die Schale des Rotationsellipsoides tritt die größte Spannung am Umfange ($r = a$) ein. Durch die Wirkung des anschließenden Zylinders wird die größte Spannung dem absoluten Werte nach kleiner (s. Abb. 71). Da der Gleichung (44) die größere Umfangsspannung zugrunde gelegt wurde, so sind die daraus berechneten Werte für die zulässige Beanspruchung zu klein, um auf die Berechnung der elliptischen Kesselböden angewendet zu werden.

Um aber auch in diesem Falle einen Anhaltspunkt für die Wahl von σ_B zu haben, muß die Abhängigkeit der größten Spannung von ρ für Böden mit anschließendem Zylinder durch eine Gleichung ausgedrückt werden.

Aus den experimentellen Untersuchungen gemäß Abb. 57 und 58 geht hervor, daß die größte Krempenspannung nicht am Umfange des Bodens ($r = a$) eintritt. Für den elliptischen Boden VIII mit $\frac{\rho}{a} = 0{,}268$ herrscht die größte Krempenspannung im Parallelkreis $\left(\frac{r}{a}\right)_{\sigma_{max}} = 0{,}95$ (s. Zahlentafel VIII a), während im Falle des korbbogenförmigen Bodens VII, wo $\frac{\rho}{a} = 0{,}066$, dies für $\left(\frac{r}{a}\right)_{\sigma_{max}} = 0{,}98$ zutrifft. Diese beiden Ergebnisse legen den Schluß nahe, daß bei gleichem Bodendurchmesser der Ort der größten Krempenspannung mit abnehmenden Krempenhalbmesser dem Bodenumfange zustrebt.

In Anlehnung an dieses Ergebnis treffen wir eine bestimmte gesetzmäßige Annahme über die Abhängigkeit des Wertes $\left(\frac{r}{a}\right)_{\sigma_{max}}$ von ρ und bestimmen nach Gleichung (31b) die Spannung. Diesen neuen Ausdruck fassen wir als Näherungswert der größten Krempenspannung auf und stellen damit, eine der Gleichung (44) bezw. (45) analoge Beziehung auf. Der aus dieser Relation sich ergebende Zusammenhang von zulässiger Beanspruchung und Krempenhalbmesser ist in Abb. 73 (Kurve 2) aufgezeichnet. Wir entnehmen daraus, daß die σ_B-Werte größer ausfallen, als im Falle, wo die elliptische Schale für sich allein betrachtet wird. Für Krempenradien, die unter $0{,}10\,a$ liegen, ist die zulässige Beanspruchung kleiner als 650 kg/cm² anzunehmen. Ist der Krempenradius größer als $0{,}19\,a$, was einem Achsenverhältnis $k = 2{,}3$ entspricht, so tritt die größte Beanspruchung nicht mehr in der Krempe, sondern in der Bodenmitte auf. Diese Erscheinung wurde schon früher näher besprochen. Bei der Benützung dieser Kurve ist daran zu erinnern, daß eine größte Krempenspannung von 1200 kg/cm² angenommen wurde.

In Abb. 73 ist zudem noch das Verhältnis ψ der größten Krempenspannung zur zulässigen Spannung aufgetragen. Da bei der Festlegung dieser Relation nur die Ergebnisse von zwei experimentellen Untersuchungen zur Verfügung standen, müßte die Richtigkeit noch an Hand weiterer Versuche überprüft werden. Auf Grund einer zutreffenden Angabe über das Verhältnis von ρ und σ_B ergibt die übliche Berechnungsweise nach Gleichung (37) zuverlässige Werte für die Blechdicke.

Ist der gesetzmäßige Zusammenhang von größter Krempenspannung und Krempenradius durch eine größere Anzahl von Spannungsmessungen genau bekannt, so kann die Dimensionierung der Böden direkt auf Grund der größten Spannung vorgenommen werden.

Aus den Ergebnissen einer großen Anzahl Versuche mit Behältern, welche durch gewölbte Böden beidseitig abgeschlossen waren, hat Diegel[1] nach diesem Grundsatze folgende Formel aufgestellt, die mit unsern Bezeichnungen lautet:

$$s = \frac{R_1}{2\,\sigma_k}\left[1 + \left(0{,}18 + \frac{d^2}{550^2}\right)\sqrt{\frac{d - 2\,R_2}{0{,}03\,d + R_2}}\right]\cdot p \qquad (46)$$

wo σ_k die höchste zulässige Beanspruchung in der Krempe bedeutet. Nach dem Resultat des Versuches mit Gefäß VII zu schließen, ergibt diese Formel für kleine Krempenradien zu kleine Blechstärken. Die Formel stützt sich nur auf Beobachtung der Formänderung. Dehnungsmessungen wurden keine vorgenommen.

---

[1] Diegel, Versuche über Beanspruchung des Materials geschweißter zylindrischer Kessel mit nach außen gewölbten Böden. Forschungsarbeiten V. D. I. Sonderreihe M, Heft 2 (Springer, Berlin 1920).

32. Vergleich zwischen gemessenen und gerechneten Spannungen.

a. Mantelspannungen.

Die Zahlenwerte, welche Rechnung und Messung für die Probebehälter I—II, VII und VIII ergeben, sind in den Zahlentafeln IVa und Va einander gegenübergestellt.

Für die Berechnung der Tangentialspannungen für die Mantel-Innen- und Außenseite wurden folgende Gleichungen, die aus Gleichung (6_t) hervorgehen, benützt

Innenseite $r = a$ $$\sigma_{ti} = \frac{a^2 + c^2}{c^2 - a^2} p \tag{47}$$

Außenseite $r = c$ $$\sigma_{te} = \frac{2\,a^2}{c^2 - a^2} p \tag{48}$$

für die Werte der reduzierten Tangentialspannungen gemäß Gleichung (8_t) die Gleichungen

Innenseite $r = a$ $$\sigma_{ti\,\mathrm{red}} = \frac{0{,}4\,a^2 + 1{,}3\,c^2}{c^2 - a^2} p \tag{49}$$

Außenseite $r = c$ $$\sigma_{te\,\mathrm{red}} = \frac{1{,}7\,a^2}{c^2 - a^2} p \tag{50}$$

Die gemessenen reduzierten Spannungen der Tafel Va sind den Abb. 57 bis 58 entnommen. Hinsichtlich der größten reduzierten Spannungen ergibt sich das Verhältnis von σ'_{red} gemessen : σ_{red} gerechnet

	VII	VIII
$\frac{\sigma'_{te\,\mathrm{red}}}{\sigma_{te\,\mathrm{red}}}$	$= \frac{570}{494} = 1{,}15$	$\frac{460}{374} = 1{,}23$
$\frac{\sigma'_{a\,\mathrm{red}}}{\sigma_{a\,\mathrm{red}}}$	$= \frac{470}{116} = 4{,}05$	$\frac{300}{88} = 3{,}41$

Die gerechneten reduzierten Tangentialspannungen werden für die bei diesen Behältern gefundenen Verhältnisse in Wirklichkeit um das höchstens 1,23fache überschritten; die gerechneten reduzierten Achsialspannungen um das 4fache. (Für die Probebehälter I—II ist die Ueberschreitung der gerechneten Spannungen größer, diese Verhältniszahlen wurden jedoch weggelassen, weil sie als nicht ganz sicher erschienen.)

Für diesen Vergleich wurden die reduzierten Spannungswerte ($\sigma'_{red} : \sigma_{red}$) benützt; für die Spannungen ($\sigma' : \sigma$) selber würde sich wenig ändern.

Tafel IIIa. Abmessungen (cm) der Mäntel.

Probebehälter Nr.	I—II			VII			VIII		
	s	a	c	s	a	c	s	a	c
	0,62	39,25	39,87	0,82	60,0	60,82	0,70	38,85	39,55

Zahlentafel IVa. Gerechnete Spannungen σ_t und σ_a (kg/cm²) für Zylindermäntel bei 8 at Wasserdruck.

Die eingeklammerte Zahl bedeutet die Nummer der angewendeten Formel.

Probebehälter	innen σ_{ti} (47)	außen σ_{te} (48)	achsial σ_a (6 a)	Kesselformel σ_t (10)	Kesselformel σ_a (11)
I—II	510	502	251	506	253
VII	589	581	290	585	292
VIII	447	440	220	444	222

Zahlentafel Va. Gerechnete und gemessene reduzierte Spannungen $\sigma_{t\ red}$ und $\sigma_{a\ red}$ (kg/cm²) für Zylindermäntel bei 8 at Wasserdruck.

Die eingeklammerte Zahl bedeutet die Nummer der angewendeten Gleichung.

		innen $\sigma_{ti\ red}$ (49)	außen $\sigma_{te\ red}$ (50)	achsial $\sigma_{a\ red}$ (8 a)	Kesselformel $\sigma_{t\ red}$ (12)	Kesselformel $\sigma_{a\ red}$ (12 a)
I—II, Abb. 56:	gerechnet	437	427	100	430	101
	gemessen max. . .		696			
	» min. . .		438			
VII, Abb. 57:	gerechnet	504	494	116	498	117
	gemessen max. . .		570	470*		
	» min. . .		450	60**		
VIII, Abb. 58:	gerechnet	384	374	88	377	89
	gemessen max. . .		460	300*		
	» min. . .		300	40		

* In unmittelbarer Nähe der Boden-Rundnaht.

** In der Nähe der Boden-Rundnaht. Eine zweite Minimalstelle befindet sich bei der Rundlasche.

Wichtig für den Konstrukteur ist das Auftreten der größten Achsialspannungen in unmittelbarer Nähe der Bodenrundnähte; sie steigen ebenso oder fast so hoch als die sonst doppelt so großen Tangentialspannungen. Bei den Druckproben waren es denn auch stets die Bodenrundnähte, bei denen es zuerst Unregelmäßigkeiten gab. Leider wäre es dem Kesselersteller kaum möglich, eine Rundnaht dahin zu verlegen, wo die Meridian-Spannungen von Druck in Zug übergehen, also an ihre Nullstelle, weil deren Lage zum voraus nicht bekannt ist. Aus diesen Feststellungen folgt der zwingende Schluß, daß Bodenrundnähte zu verstärken oder vermittels Laschen ebenso zu sichern sind wie Längsnähte.

b. Böden.

Wir beschränken uns darauf, die Böden VII (korbbogenförmiger Meridian) und VIII (elliptischer Meridian) in den Kreis unserer Betrachtung zu ziehen. Für die Böden I—II ergäbe sich Aehnliches wie für VII.

Die Zahlentafeln VIIa und VIIIa und die Abb. 57 und 58 lassen die Art des Spannungsverlaufs an jedem Boden erkennen. Den Zahlentafeln liegt 8 at Innenpressung zu Grunde.

Die Hamburger Normen geben zur Berechnung eines Bodens eine Formel an (Nr. 29, Kap. 31 hiervor), die bloß die Beanspruchung im Scheitel berücksichtigt. Nach gleicher Quelle ist für Flußeisen eine Spannung von 650 kg/cm² zulässig. Indem man so rechnet, setzt man voraus, der Scheitel gehöre zu einer Hohlkugel vom Wölbungshalbmesser R_1. Die Hohlkugel ist bekanntlich frei von Biegungs- und Schubspannungen. Wir wiederholen ihre Spannungsgleichung

$$\sigma_m = \sigma_u = R_1\, p : 2\, s \qquad (29)$$

Die reduzierte Spannung ist ermittelbar aus

$$\sigma_{m\ \mathrm{red}} = \sigma_{u\ \mathrm{red}} = \sigma_m - \nu\, \sigma_u = 0{,}7\, \sigma_m = 0{,}7\, \sigma_u \qquad (29\mathrm{a})$$

Beim elliptischen Boden ist Gleichung (35), die ebenfalls für die Berechnung der Spannung im Scheitel dient, identisch mit (29), somit gilt auch (29a) für die Berechnung der reduzierten Spannung.

Den Wölbungshalbmessern im Scheitel (für VII $R_1 = 160$ cm, für VIII $R_1 = 76,9$ cm) entsprechend, ist gemäß Formel (29) eine Innenpressung p zulässig von

	9,7 at bei VII	17,7 at bei VIII
wobei $s =$	1,2 cm	1,05 cm

Den Zahlentafeln VIIa und VIIIa ist die Innenpressung 8 at zu Grunde gelegt; wir wollen jedoch noch das Verhalten der Böden bei 9,7 (VII) bezw. 17,7 at (VIII) betrachten. Als berechnete Spannung ist dann stets 650 kg/cm², als berechnete reduzierte Spannung $0,7 \cdot 650 = 455$ kg/cm² anzusehen, den Hamburger Normen entsprechend.

Die gemessenen Spannungen im Scheitel sind

VII	$p = 9,7$ at	$\sigma_{m\,\mathrm{red}} = 505$ kg/cm²	$\sigma_{u\,\mathrm{red}} = 425$ kg/cm²
		$\sigma_m = 695$ kg/cm²	$\sigma_u = 630$ kg/cm²
VIII	$p = 17,7$ at	$\sigma_{m\,\mathrm{red}} = 590$ kg/cm²	$\sigma_{u\,\mathrm{red}} = 665$ kg/cm²
		$\sigma_m = 865$ kg/cm²	$\sigma_u = 925$ kg/cm²

Die Spannungswerte für σ_m und σ_u sind hiebei aus den Gleichungen (43) ermittelt.

Der Unterschied in den Spannungswerten für σ_m und σ_u, die im Scheitel gleich groß sein sollten, rührt nicht notwendigerweise von Fehlern beim Messen (Instrumente, Ablesung), sondern ebensogut von der Unregelmäßigkeit in der Formgebung der Böden her.

Der Vergleich mit der der Rechnung zu Grunde liegenden reduzierten Spannung $\sigma_{m\,\mathrm{red}} = \sigma_{u\,\mathrm{red}} = 455$ kg/cm² bezw. der Spannung $\sigma_m = \sigma_u = 650$ kg/cm² zeigt für VII ziemliche Uebereinstimmung, für VIII einige Abweichung. Es sei daran erinnert, daß bei VIII die Blechstärke abnimmt von $s = 1,2$ cm am Bodenende bis $s = 1,05$ cm im Scheitel.

Nun geben die Hamburger Normen über den Spannungsverlauf über den Scheitel hinaus gar keine Auskunft; dagegen erkennen wir aus Abb. 56 und 57 den in Wirklichkeit äußerst unregelmäßigen Spannungsverlauf. Größte gemessene reduzierte Spannung am Boden VII z. B. ist keine Zug-, sondern eine Druckspannung in der Größe — 1315 kg/cm², also das 2,9fache der Hamburger Normen ($\sigma_{\mathrm{red}} = 455$ kg/cm²).

Diesem Spannungsverlauf werden die Huggenbergerschen Gleichungen (31) u. ff. gerecht, was sich schon aus dem Vergleich der Abb. 58 mit Abb. 68 erkennen läßt. In Abb. 68 haben wir die Kurven für $k = 2$ ins Auge zu fassen, den Verhältnissen des Bodens VIII entsprechend. Wenn in Abb. 58 für σ_u das der äußersten Ordinate rechts von Abb. 68 entsprechende Maximum nicht erreicht wurde, so ist dies der Wirkung des angrenzenden Zylinders zuzuschreiben. Das Bodenende wird, für sich betrachtet, nach innen verschoben (Rotationsellipsoid, das bei Innenpressung in Kugelform übergehen will); der Zylinder dagegen weitet sich nach außen auf. In der Nähe der Naht stellen sich daher Uebergangsspannungen ein, deren Feststellung durch Rechnung schwierig sein dürfte. Wir verweisen außerdem auf Abb. 71, in welcher die reduzierten Spannungen der Kugelschale, der Schale des Rotationsellipsoides, und die wirklichen Spannungen des Bodens VIII eingetragen sind.

Wir wollen noch die Diegelsche Formel (Nr. 46 hievor) in die Besprechung einbeziehen. Sie gibt den maximalen Spannungswert und berücksichtigt nicht nur den Wölbungs-, sondern auch den Krempenhalbmesser. Für 9,7 at für VII bezw. 17,7 at für VIII erhalten wir nach Gleichung (46)

bei VII, $\sigma_{max} = 1240$ kg/cm²; bei VIII, $\sigma_{max} = 940$ kg/cm²

Die durch Messung festgestellten größten Spannungen sind bei Boden VII Meridianspannungen und zwar:

Größter Wert der Zugspannung zwischen Scheitel und Krempe

max $\sigma_{m\ red} = + 940$ kg/cm², woraus max $\sigma_m = + 1110$ kg/cm²

Größter Wert der Druckspannung in der Krempe

max $\sigma_{m\ red} = - 1315$ kg/cm², woraus max $\sigma_m = - 1810$ kg/cm²

Dagegen liegen für VIII die größten Spannungen im Scheitel; ihre Werte sind in obiger Zusammenstellung angegeben.

Der Vergleich des Ergebnisses der Messung für Boden VII, der in üblicher Weise einen kleinen Krümmungshalbmesser aufweist, mit demjenigen der Berechnung gemäß Formel (46) zeigt eine Abweichung von rund 30 %. Das Hauptgewicht der Kritik beruht jedoch darauf, daß die Diegelsche Gleichung Aufschluß über den Spannungsverlauf nicht gibt.

Die größte Gefahr liegt für einen Boden nicht in den außenseitigen Spannungen, sondern in den innenseitigen an der Krempe, worauf wir zurückkommen.

Zahlentafel VI a. Abmessungen (cm) der Böden.

Boden	s	a	b	d $= 2a - s$	R	$R_1 = R - \frac{s}{2}$	ρ	$R_2 = \rho - \frac{s}{2}$
VII . .	1,2	59,3	14,4	117,4	160,6	160,0	3,9	3,3
VIII . .	1,05–1,2	39,4	20,0	77,6	77,5	76,9	10,1	9,5

Zahlentafel VII a. Berechnete Spannungswerte (kg/cm²) für $p = 8$ at.

Die eingeklammerten Zahlen weisen auf die Gleichung hin, welche der Berechnung zugrunde gelegt wurde.

$\frac{r}{a}$	σ_m	σ_u	σ_m red	σ_u red	Bemerkungen
0	+534 (29)	+534 (29)	+374 (42)	+374 (42)	Boden VII $s = 1{,}2$ cm, Bodenscheitel
0	+295 (35)	+295 (35)	+205 »	+205 »	Boden VIII $s = 1{,}05$ cm, Bodenscheitel
0,72	+203 (31a)	+ 76 (31b)	+180 »	— 15 »	» »
0,95	+149 »	—153 »	+195 »	—198 »	» »
0,98	+139 »	—204 »	+200 »	—246 »	» »
1,00	+131 (34)	—247 (33)	+205 »	—286 »	Boden VIII $s = 1{,}2$ cm, Bodenende

Zahlentafel VIII a. Durch Messung festgestellte reduzierte Spannungen (kg/cm²) bei 8 at.

Boden VIII, Abb. 58					Boden VII, Abb. 57					Bemerkungen
$\frac{r}{a}$	r $a = 39{,}4$	α^0	σ_m red	σ_u red	$\frac{r}{a}$	r $a = 59{,}3$	α^0	σ_m red	σ_u red	
	cm	°	kg/cm²	kg/cm²		cm	°	kg/cm²	kg/cm²	
0	0	0	+230	+270	0	0	0	+410	+340	Bodenmitte
0,72	28,6	28	+212	+ 26	0,67	38,8	14	+700	+190	Größter pos. Wert von σ_m red
0,79	31,2	34	+210	0	0,75	44,5	17	+700	0	Nullstelle von σ_u red
0,93	36,8	53	0	—193	0,91	54,0	19	0	—680	Nullstelle von σ_m red
0,95	37,4	60	— 40	—200	0,99	59,1	70	—1080	—900	Größter neg. Wert von σ_u red
0,98	38,8	70	— 43	—136	0,98	58,2	45	—1080	—900	Größter neg. Wert von σ_m red
1	39,4	82	+ 40	0	—	—	—	+470	0	Nullstelle von σ_u red

Bei Boden VIII beziehen sich die gemessenen reduzierten Spannungen in der Bodenmitte auf eine Blechstärke $s = 1{,}05$ cm.

33. Ueber die innenseitigen Spannungen.

Das Messen von Spannungen an der Innenseite von Behältern dürfte weit schwieriger sein als außen, auch wenn einmal gangbare Methoden hiefür vorliegen. Heute sind wir noch nicht so weit. Man ist daher für die Kenntnis über die Spannungen innenseitig auf Ueberlegung und Rechnung angewiesen. Es ist vielleicht möglich, daß aus den vielen Arbeiten über elastische Zustände von Schalen heraus die Frage bereits beantwortet werden kann: Wie sind auf der einen Seite einer gewölbten Wand die Spannungen nach Art und Größe beschaffen, wenn auf der andern Seite die Spannungswerte bekannt sind? Derartige Rechnungen sind stets sehr verwickelt.

Bis uns die Theorie hierüber allgemein Aufschluß gibt, wollen wir versuchen, in die Spannungsverhältnisse bei einigen Beispielen einzudringen.

a. Innenseitige Spannungen an Mänteln.

In Kap. 30 ist gezeigt worden, daß die Spannungen an zylindrischen Mänteln sowohl in achsialer als in tangentialer Richtung Zugspannungen sind; sie besitzen dem Mantel entlang konstante Größe. Die Messungen haben jedoch ungleichförmigen Spannungsverlauf ergeben (Abb. 56 bis 59), gelegentlich konnte sogar Zug in Druck übergehen (Abb. 57 oben und Abb. 60). Wegen der Abweichung eines zylindrischen Hohlkörpers von der vorausgesetzten idealen Form — wir haben es in Wirklichkeit mit einem Rohr von endlicher Länge, durch Böden abgeschlossen, zu tun — wird der theoretische Spannungsverlauf durch Zusatzspannungen verändert. Die letztern bestehen zur Hauptsache aus Biegungsspannungen. Außenseitig sind diese leicht bestimmbar durch den Vergleich mit den gerechneten Spannungen. Wie stehtes mit den innenseitigen Spannungen? Ihre Ermittlung ist ohne weiteres nur dann möglich, wenn die Verteilung über den Querschnitt linear ist, wie beim geraden Balken der Fall, was wir noch weiter untersuchen wollen.

Betrachten wir zuerst die achsial gerichteten Spannungen und schneiden zu diesem Zweck die Mantelwand so durch, daß die Schnittebene die Rotationsachse enthält. Wir kennen den außen gemessenen Spannungswert und auch den nach Gleichung (8a) berechneten reduzierten, welch letzterer für den betrachteten Schnitt an jeder Stelle positiv (Zugspannung) und bei dünner Wand konstant ist. Der gemessene Wert kann jedoch beliebige Größe besitzen, er kann negativ werden (Druckspannung), wie wir dies bei der Rundlasche von Probebehälter VII (Abb. 57 rechts oben) festgestellt haben. Die Lage der neutralen Faser entzieht sich unserer Kenntnis. In der Schnittfläche quer durch den Mantel muß die neutrale Faser sich als Kreis darstellen. Hier liegen somit nicht die einfachen Verhältnisse des Balkens vor. Der Verlauf der wirklichen achsialen Spannungen quer zur Wand ist vorläufig auf einfache Weise nicht ermittelbar.

Wir können jedoch schließen, daß, wenn außenseitig Druckspannungen wirken, wir es innenseitig mit Zugspannungen zu tun haben, die größer sind als die berechneten; denn es ist anzunehmen, daß für die Druckspannungen ein Ausgleich geschaffen werden müsse durch vermehrte Zugspannungen. Letzten Endes sind es Zugspannungen von bestimmter Größe, durch welche der Behälter der konstanten Innenpressung entgegenwirkt. Der Mittelwert der wirklichen Zugspannungen muß so groß sein als die Summe aus demjenigen der Druckspannungen, absolut genommen, und den berechneten Zugspannungen.

Gehen wir über zu den Tangentialspannungen am Mantel. Wir schneiden einen solchen der Länge nach auf. Die Schnittfläche kann als Querschnitt durch einen geraden Balken von sehr großer Breite (l) und geringer Höhe (s) betrachtet werden. An der äußersten Faser dieses Schnittes greifen jene Tangentialspannungen an, die durch Messung bekannt sind. Als gleichförmig verteilt über den Querschnitt wirkend setzen wir die berechneten Tangentialspannungen voraus (geringe Blechstärke). Die neutrale Schicht zeigt sich in diesem Querschnitt als gerade Linie, wenigstens innerhalb Schnittflächen von geringer Balkenbreite (Zylinderlänge). Wir sehen von der Krümmung des Balkens — der Krümmungshalbmesser ist im Verhältnis zur Balkenhöhe (s) groß — ab, womit allerdings die Genauigkeit des Ergebnisses etwas beeinträchtigt wird. Unter diesen Voraussetzungen dürfen wir den linearen

Spannungsverlauf, wie er aus der Balkentheorie bekannt ist, auf den vorliegenden Fall übertragen.

Als Beispiel des Spannungsverlaufs wählen wir denjenigen, der bei Probebehälter XII, Abb. 60 (Blechdicke 6 mm) durch Messung gefunden wurde. Bei Meßpunkt 11 (links) sind außenseitig Druckspannungen, bei Meßpunkt 12 (rechts) sehr hohe Zugspannungen festgestellt worden. Wir suchen nun die innenseitigen Spannungen zu bestimmen.

Aus den reduzierten Spannungen ermitteln wir erst die Spannungen selber. Formel (12) gibt

$$\text{tangential } \sigma_{\text{tot}} = \sigma_{t\,\text{red}} : 0{,}85 = 1{,}176\, \sigma_{t\,\text{red}}.$$

Weil die betrachteten Stellen in unmittelbarer Nähe der Ueberlappung liegen, gilt nicht mehr genau $\sigma_a = \sigma_t : 2$, daher auch nicht mehr strenge obige Relation. Wegen verschiedenen Vernachlässigungen gibt dieses Verfahren nur sehr angenäherte Werte.

Für eine Innenpressung von 10 at ist, kg/cm²

σ_t Meßpunkt (11) berechnet	σ_t (12) berechnet	σ_{tot} (11) gemessen	σ_{tot} (12) gemessen
+ 488	+ 483	— 647	+ 1130

wobei σ_t gemäß Formel (10) berechnet, σ_{tot} durch Messung ermittelt und mit 1,176 multipliziert worden ist. Die Biegungsspannung außen folgt aus

$$\pm \sigma_{\text{tot}} = \pm \sigma_b + \sigma_t$$

Ist σ_{tot} gleich gerichtet wie σ_t (Abb. 75), so ist $+ \sigma_b = + \sigma_{\text{tot}} - \sigma_t$, andernfalls $- \sigma_b = - \sigma_{\text{tot}} - \sigma_t$ (Abb. 74). Daher folgt für σ_b

	σ_{tot}	σ_t	σ_b
Meßp. (11) außenseit. (Abb. 74)	— 647	— 488	= — 1135 kg/cm²
Meßp. (12) außenseit. (Abb. 75)	+ 1130	— 483	= + 647 kg/cm²

Innenseitig ist die Richtung der Biegungsspannung der außenseitigen entgegengesetzt. Somit erfolgen die Gesamtspannungen σ_{tot} innenseitig

	σ_b	σ_t	σ_{tot}
Meßp. (11) innenseitig (Abb. 74)	+ 1135	+ 488	= + 1623 kg/cm²
Meßp. (12) innenseitig (Abb. 75)	— 647	+ 483	= — 164 kg/cm²

Die neutrale Faser liegt bei 0.

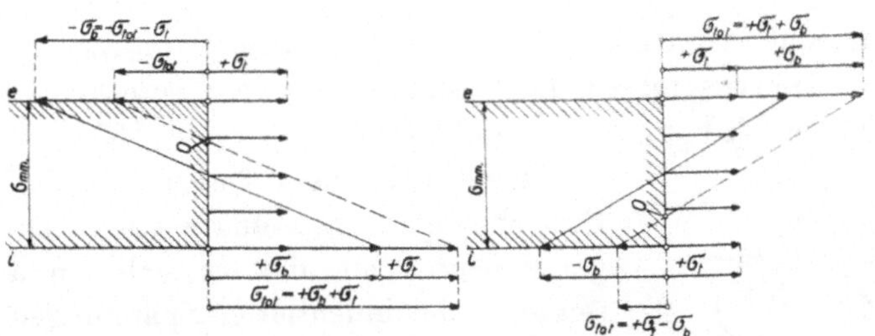

Abb. 74. Spannungsverlauf über die Blechdicke, links von der Schweißverbindung. Meßpunkt (11), Abb. 60.

Abb. 75. Spannungsverlauf über die Blechdicke, rechts von der Schweißverbindung, bei Meßpunkt (12), Abb. 60.

Links von der überlappten Stelle, Abb. 60, stehen den verhältnismäßig geringen Druckspannungen außen erhebliche Zugspannungen innen gegenüber; rechts davon umgekehrt.

b. Innenseitige Spannungen an Böden.

Währenddem Achsial- und Tangentialspannungen an Mänteln theoretisch stets Zugsspannungen sind, wechseln an den Böden sowohl Meridian- als Ringspannungen wiederholt das Vorzeichen und zwar ungleichzeitig. Es ist also hier schwieriger, die Verhältnisse zu überblicken; dies gelingt umso weniger, als bei korbbogenförmigen Böden die Theorie ein Verfahren zur Berechnung der mittleren Spannungen bisher nicht gegeben hat. Es fehlen auch Anhaltspunkte für die Kenntnis des Verlaufs der neutralen Fläche.

Wir beschränken unsere Betrachtung auf den gefährlichsten Teil eines Bodens, auf die Krempe.

Zur Veranschaulichung schneiden wir durch zwei Meridianschnitte und zwei ringförmig geführte Schnitte einen Körper aus einer Krempe mit engem Halbmesser heraus wie in Abb. 76 dargestellt; die Schnittflächen stehen senkrecht zur Mittelfläche der Krempe. Die aus der innern und äußern Fläche der Krempe herausgeschnittenen Flächenstücke sind durch Schraffur gekennzeichnet.

Diesen Körper wollen wir einer Stelle der Krempe entnehmen, an welcher die Hauptspannungen Druckspannungen sind, z. B. am Meßpunkt (7), von Probebehälter VII. Gemäß Abb. 57 haben wir dort für 8 at ermittelt: $\sigma_{m\ \mathrm{red}} = -1080\ \mathrm{kg/cm^2}$, $\sigma_{u\ \mathrm{red}} = -910\ \mathrm{kg/cm^2}$. Hieraus folgen die Spannungen selber berechnet gemäß Gleichungen (43) $\sigma_m = -1488\ \mathrm{kg/cm^2}$ $\sigma_u = -1357$.

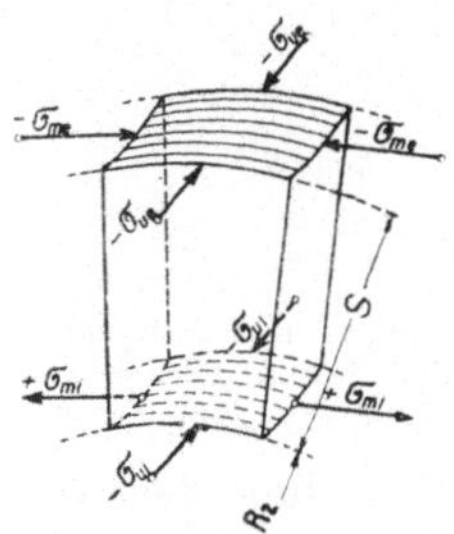

Abb. 76. Element von endlicher Größe, aus der Krempe herausgeschnitten; e außen, i innen.

Diese Spannungen tragen in Abb. 76 die Bezeichnung $-\sigma_{m\,e}$ und $-\sigma_{u\,e}$. Die Zeiger e deuten an, daß es sich um außenseitige, i um innenseitige Spannungen handelt. Die Ringspannungen $-\sigma_{u\,e}$ sind paarweise gleich groß, die Meridianspannungen seien der Einfachheit halber gleich groß angenommen.

Das Verhalten der Krempe mit zunehmendem Druck, im Meridianschnitt betrachtet, läßt sich aus Abb. 45 erkennen; sie öffnet sich, d. h. ihr Krümmungsradius wächst, die innenseitige Faser wird daher gestreckt, sie unterliegt dabei Zugspannungen ($+\sigma_{m\,i}$). Die äußere Faser wird gestaucht, dort wirken Druckspannungen ($-\sigma_{m\,i}$).

Die Ringschnittflächen, durch die wir das Körperchen Abb. 76 herausgetrennt haben, werden bei der Deformation ebenfalls verschoben, wie aus Abb. 45 und Beschreibung Seite 61 hervorgeht, und zwar werden die Ringe enger, sowohl die außen- als auch die innenseitige Faser des Körperchens wird gestaucht ($-\sigma_{u\,e}$ und $-\sigma_{u\,i}$).

Durch diese Betrachtung kennen wir zwar nicht die Größe, aber die Richtung der Spannungen.

Für die reduzierte Spannung gilt (zweidimensional):

Krempe innen $\sigma_{m\ \mathrm{red}} = \sigma_m - \nu\,(-\sigma_u) = \sigma_m + \nu\,\sigma_u$

Krempe innen $\sigma_{u\ \mathrm{red}} = -\sigma_u - \nu\,(+\sigma_m) = -(\sigma_u + \nu\,\sigma_m)$

d. h. die reduzierte Zugspannung im Meridianschnitt innenseitig wird vermehrt durch die Druckwirkung im Ringschnitt, die reduzierte Druckspannung im Ringschnitt durch die Zugwirkung im Meridianschnitt. Das Hauptgewicht ist auf die erste dieser Feststellungen zu legen, darauf, daß die Krempe innenseitig im Meridianschnitt auf Zug beansprucht wird; der letztere ist wahrscheinlich größer als die Druckspannung auf der Außenseite. Man vergleiche hiezu die Abb. 56 und 57 und wird dann die Häufigkeit der Krempenanbrüche begreifen. Sie nehmen ihren Ursprung stets innenseitig und verlaufen senkrecht zum Meridian, d. h. ringförmig.

34. Zusammenfassung.

Wir haben durch Versuche mit Stäben die Festigkeit und Zähigkeit von beim elektrischen Schweißen niedergeschmolzenem Eisen untersucht. Die erhaltenen Werte sind ohne Umrechnung brauchbar wegen ihrer Bezugnahme auf nicht verdickte Stäbe. Die Einwirkung der Fugenform auf die Nahtfestigkeit wurde durch den Versuch gezeigt. Nähten, mit Kerben behaftet, kommt verminderte, verdickten Nähten erhöhte Festigkeit zu.

Die Art der verwendeten Elektroden war in allen Fällen ausschlaggebend für die Festigkeit der Nähte. Der Metallurgie erwächst die Aufgabe, Elektroden herzustellen, deren Metall nach dem Niederschmelzen eine größere Zähigkeit ergibt, als bei den vorliegenden Versuchen erreicht.

Die Wasserdruckproben an Behältern verliefen nicht zu Ungunsten der elektrisch geschweißten Nähte. Sie haben zur Erkenntnis geführt, daß es möglich ist, Nähte (elektrisch- oder autogen- oder feuergeschweißte) durch elektrisch angeschweißte Laschen so zu verstärken, daß die Festigkeit der Verbindung — gute Ausführung vorausgesetzt — größer ist als diejenige des vollen Bleches. Als beste der verschiedenen Laschenverbindungen ist diejenige zu bezeichnen, bei welcher Biegungsspannungen in den Nähten nicht auftreten. Bodenrundnähte sind — der Rechnung entgegen — nicht weniger gefährdet als Mantellängsnähte.

Mehrmals wurde festgestellt, daß das Blech bei dreidimensionalem Spannungszustand, dem es als Wand eines durch Wasserdruck gespannten Hohlkörpers unterliegt, größere Kräfte aushält, als mit herausgeschnittenen Stäben beim Zerreißen erreicht wurden. Dabei wurde die Festigkeit der Wand gerechnet wie die eines Stabes, d. h. unter der Voraussetzung einachsialer Spannungswirkung.

Dehnungsmessungen an geschweißten Hohlkörpern haben ergeben, daß der Spannungsverlauf an den Wänden viel weniger regelmäßig ist, als man allgemein vermutet. An Böden findet mehrmaliger Spannungswechsel statt. Die Spannungen wachsen mit abnehmendem Krempenhalbmesser. An der Krempe, außenseitig, wirken Druckspannungen in allen Richtungen; innenseitig, in der Meridian-Ebene betrachtet, nachweisbar Zugspannungen. Letztere sind größter Ordnung bei engem Krempenhalbmesser. In der öftern Ueberschreitung der Elastizitätsgrenze beim Betrieb erblicken wir die Ursache der überall festgestellten Krempenanbrüche. Sie führen nicht selten zu Explosionen, was die Unfallstatistik aller Länder beweist. Von der Verwendung bei Kesseln und Druckbehältern sollten künftig Böden ausgeschlossen werden, die den Festigkeits-Anforderungen nicht entsprechen. Der Boden, bei dem verhältnismäßig geringe Spannungen auftreten, ist derjenige mit elliptischem Meridian, wobei ein Verhältnis der Halbachsen von 2 : 1 den Anforderungen genügen dürfte. Angesichts der Gefahren, die mit dem Betrieb von Kesseln und Behältern verknüpft sind, wenn letztere mit Böden von fehlerhafter Formgebung versehen werden, ist die Anwendung richtiger Böden für die Dampfkessel-Technik ein Kulturgebot.

Es erscheint natürlich, die Spannungen zu bewerten nach ihrer äußern Wahrnehmbarkeit, also auf Grund der Dehnungen. Für diese Anschauungsweise spricht auch der bekannte Grundsatz, daß an Kesseln und Druckbehältern bleibende Deformationen nie auftreten dürfen, Dehnungen somit unter der Proportionalitätsgrenze des Metalls bleiben müssen. Die Feststellung der Dehnungen durch Messung bereitet keine außergewöhnliche Schwierigkeit. Die Dehnungsgröße gibt ein Maß für die Bruchgefahr. Danach hätte sich die Rechnungsmethode zu richten. Man berechnet die für den verlangten Sicherheitsgrad zulässige Dehnung (Dehnungshypothese). Wird jedoch gewünscht, in üblicher Weise mit Spannungen zu rechnen, so wäre der Begriff „reduzierte Spannung" einzuführen.

Die vorliegende Druckschrift erschien 1924 als Anhang zum 55. Jahresbericht (1923) des Schweizerischen Vereins von Dampfkessel-Besitzern, Zürich.

Buchdruckerei Huber & Co., Frauenfeld (Schweiz).